高效毁伤系统关键技术丛书

NUMERICAL SIMULATION TECHNOLOGY OF
WARHEAD EXPLOSION DAMAGE

战斗部爆炸毁伤数值仿真技术

甄建伟　韩明江　向红军●编著

北京理工大学出版社
BEIJING INSTITUTE OF TECHNOLOGY PRESS

内 容 简 介

本书通过大量实例系统地介绍了战斗部爆炸毁伤数值仿真的详细过程,其工程背景深厚,内容丰富,讲解详尽,内容安排深入浅出。

本书共分为 12 章。第 1 章简要介绍弹药毁伤效应数值仿真技术的基础,第 2 章简要介绍 AUTODYN 软件应用基础,第 3 章简要介绍 TrueGrid 软件应用基础,第 4 章简要介绍 ANSYS Workbench 软件应用基础,第 5 章是炸药在刚性地面上的爆炸仿真过程详解,第 6 章是榴弹爆炸仿真过程详解,第 7 章是破甲弹侵彻靶板仿真过程详解,第 8 章是预制破片弹药爆炸仿真过程详解,第 9 章是钝头弹在空气中的飞行仿真过程详解,第 10 章是 7.62 mm 枪弹侵彻薄板仿真过程详解,第 11 章是尾翼稳定脱壳穿甲弹侵彻复合装甲仿真过程详解,第 12 章是双用途榴弹爆炸毁伤效应仿真过程详解。

本书在写作过程中注重层次递进,既简要介绍了战斗部爆炸毁伤数值仿真技术的基本原理,又详尽介绍了数值仿真的操作过程。通过大量丰富、贴近工程的应用案例,讲解战斗部爆炸毁伤数值仿真技术的应用,对解决实际工程和科研问题会有很大帮助,可有效提高战斗部爆炸毁伤相关技术研究工作的科学性和工作效率。

版权专有　侵权必究

图书在版编目(CIP)数据

战斗部爆炸毁伤数值仿真技术 / 甄建伟,韩明江,向红军编著. -- 北京:北京理工大学出版社,2023.4
　ISBN 978 - 7 - 5763 - 2356 - 6

Ⅰ. ①战… Ⅱ. ①甄… ②韩… ③向… Ⅲ. ①爆破战斗部-击毁概率-计算机仿真 Ⅳ. ①TJ760.3 - 39

中国国家版本馆 CIP 数据核字(2023)第 091949 号

责任编辑:王玲玲	文案编辑:王玲玲
责任校对:周瑞红	责任印制:李志强

出版发行 / 北京理工大学出版社有限责任公司
社　　址 / 北京市丰台区四合庄路 6 号
邮　　编 / 100070
电　　话 / (010)68944439(学术售后服务热线)
网　　址 / http://www.bitpress.com.cn
版 印 次 / 2023 年 4 月第 1 版第 1 次印刷
印　　刷 / 三河市华骏印务包装有限公司
开　　本 / 710 mm × 1000 mm　1/16
印　　张 / 19.25
字　　数 / 343 千字
定　　价 / 96.00 元

图书出现印装质量问题,请拨打售后服务热线,负责调换

本书编委会

主　　任　甄建伟　韩明江　向红军

参编人员　关鹏鹏　张凌皓　朱艳辉　张　芳

　　　　　柳　林　宋海涛

前　言

弹药是武器系统毁伤目标的最终手段，而战斗部是弹药发挥作用的根本。现代战争对弹药的爆炸毁伤能力提出了更高的要求，新理论、新技术、新材料的突破和应用推动了大量新型战斗部的产生。当前世界各国都在积极发展采用各种毁伤机理的新型战斗部，以使弹药获得更高效的毁伤效能。

在弹药设计和研发过程中，通常采用靶场测试的方法获得战斗部的毁伤能力，进而为战斗部的改进提供技术指导，同时，也为弹药的战术运用提供参考依据。早期的靶场试验主要采用外场试验方法，为避免通过大规模的试验来对战斗部性能进行验证，通常运用统计理论，从而能够以较少的样本验证战斗部的性能，然而，即使如此，人力、物力的大量消耗也是难以避免的。特别是随着高技术弹药结构复杂程度的迅速提高，战斗部的设计、定型、靶场试验也越来越复杂，花费也越来越大，对于生产批量小、单价高昂的制导类弹药更是如此。另外，为贯彻落实新时期战略方针，推进科研开发向军事斗争准备基点高度聚集，时间成本也不容忽视。

基于上述原因，急需进行战斗部爆炸毁伤数值仿真技术的相关研究，以实现对弹药设计、定型、验收、运用等过程的指导，从而减少实弹测试数量，降低研制与试验成本，节省人力、物力，缩短研制与试验周期，指导部队的弹药作战运用，有效提高弹药技术相关工作的科学性和高效性。本书力图从工程技术方面高度总结作者及其团队多年的工程实践，虽然全书以战斗部爆炸毁伤数值仿真技术为主线，但书中的方法和技术在弹药工程仿真领域仍具有普遍意义。

本书可以作为理工科院校本科高年级学生和研究生学习战斗部爆炸毁伤数值仿真技术的教材或参考书，也可以作为相关行业工程技术人员进行工程设计的参考手册。

  本书主要由甄建伟、韩明江、向红军编著。其中，甄建伟编写了第 1~3、5~9 章，韩明江、向红军、甄建伟共同编写了第 4、10~12 章，关鹏鹏、张凌皓、朱艳辉、张芳、柳林、宋海涛等参与了第 2、4 章的编写。

  由于时间和作者水平所限，书中难免有不当之处，敬请读者批评指正，不胜感谢。

作　者

目　录

第1章　弹药毁伤效应数值仿真技术概论 ………………………………… 001
　1.1　爆炸毁伤数值仿真基础 ……………………………………………… 002
　　　1.1.1　数值仿真技术概况 …………………………………………… 002
　　　1.1.2　数值模拟基本过程 …………………………………………… 005
　　　1.1.3　网格生成技术 ………………………………………………… 008
　1.2　相关软件介绍 ………………………………………………………… 012
　　　1.2.1　AUTODYN 软件简介 ………………………………………… 012
　　　1.2.2　TrueGrid 软件简介 …………………………………………… 017
　　　1.2.3　ANSYS Workbench 软件简介 ………………………………… 017
第2章　AUTODYN 软件应用基础 …………………………………………… 019
　2.1　工具栏 ………………………………………………………………… 021
　2.2　导航栏 ………………………………………………………………… 023
　2.3　对话面板和对话窗口 ………………………………………………… 024
　2.4　显示 …………………………………………………………………… 025
　2.5　材料（Materials） …………………………………………………… 029
　2.6　初始条件（Initial Conditions） ……………………………………… 031
　2.7　边界条件（Boundaries） ……………………………………………… 032
　2.8　零件（Parts） ………………………………………………………… 033

2.9　部件（Components） ……………………………………………………… 034
　　2.10　组（Groups） ……………………………………………………………… 035
　　2.11　连接（Joins） ……………………………………………………………… 036
　　2.12　接触（Interactions） ……………………………………………………… 037
　　2.13　炸点（Detonation） ………………………………………………………… 037
　　2.14　控制（Controls） …………………………………………………………… 038
　　2.15　输出（Output） …………………………………………………………… 039
　　2.16　运行（Run） ……………………………………………………………… 040

第3章　TrueGrid 软件应用基础 ……………………………………………… 041

　　3.1　TrueGrid 软件基本应用 ……………………………………………………… 042
　　　　3.1.1　启动 TrueGrid …………………………………………………………… 042
　　　　3.1.2　TrueGrid 软件的三个阶段 ……………………………………………… 043
　　　　3.1.3　TrueGrid 中生成网格的基本步骤 ……………………………………… 045
　　　　3.1.4　TrueGrid 中的基本概念 ………………………………………………… 046
　　　　3.1.5　基本操作 ………………………………………………………………… 049
　　3.2　TrueGrid 建模常用命令 ……………………………………………………… 052
　　　　3.2.1　二维曲线命令 …………………………………………………………… 052
　　　　3.2.2　三维曲线命令 …………………………………………………………… 056
　　　　3.2.3　曲面命令 ………………………………………………………………… 057
　　　　3.2.4　网格命令 ………………………………………………………………… 066
　　3.3　网格的输出 …………………………………………………………………… 098

第4章　ANSYS Workbench 软件应用基础 …………………………………… 101

　　4.1　Workbench 平台信息简介 …………………………………………………… 102
　　4.2　DesignModeler 几何建模简介 ………………………………………………… 104
　　　　4.2.1　DesignModeler 界面简介 ………………………………………………… 105
　　　　4.2.2　平面草图简介 …………………………………………………………… 107
　　　　4.2.3　特征体建模简介 ………………………………………………………… 109
　　　　4.2.4　概念建模简介 …………………………………………………………… 111
　　　　4.2.5　高级几何工具简介 ……………………………………………………… 112
　　4.3　网格划分简介 ………………………………………………………………… 114
　　　　4.3.1　网格划分方法简介 ……………………………………………………… 114
　　　　4.3.2　网格设置简介 …………………………………………………………… 116

4.4 显示动力学分析简介 …………………………………………………… 122
4.4.1 ANSYS 显式动力学模块 ……………………………………… 123
4.4.2 显式动力学材料 ………………………………………………… 124
4.4.3 Explicit Dynamics 接触设置 ………………………………… 127
4.4.4 Explicit Dynamics 分析设置 ………………………………… 129
4.4.5 Explicit Dynamics 后处理 …………………………………… 132

第 5 章 炸药在刚性地面上爆炸仿真 …………………………………… 135
5.1 问题描述 ………………………………………………………………… 136
5.2 仿真过程 ………………………………………………………………… 137
5.3 仿真结果 ………………………………………………………………… 144

第 6 章 榴弹爆炸仿真 …………………………………………………… 147
6.1 问题描述 ………………………………………………………………… 148
6.2 仿真过程 ………………………………………………………………… 149
6.2.1 模型建立 ………………………………………………………… 149
6.2.2 数值仿真 ………………………………………………………… 152
6.3 仿真结果 ………………………………………………………………… 163

第 7 章 破甲弹侵彻靶板仿真 …………………………………………… 165
7.1 问题描述 ………………………………………………………………… 166
7.2 仿真过程 ………………………………………………………………… 167
7.3 仿真结果 ………………………………………………………………… 179

第 8 章 预制破片弹药爆炸仿真 ………………………………………… 183
8.1 问题描述 ………………………………………………………………… 184
8.2 仿真过程 ………………………………………………………………… 185
8.2.1 模型建立 ………………………………………………………… 185
8.2.2 数值仿真 ………………………………………………………… 186
8.3 仿真结果 ………………………………………………………………… 200

第 9 章 钝头弹在空气中的飞行仿真 …………………………………… 203
9.1 问题描述 ………………………………………………………………… 204
9.2 仿真过程 ………………………………………………………………… 205

  9.3 仿真结果 …… 214

第 10 章　7.62 mm 枪弹侵彻薄板仿真 …… 217

  10.1 问题描述 …… 218
  10.2 枪弹弹丸正侵彻仿真过程 …… 219
  10.3 枪弹弹丸正侵彻仿真结果 …… 236
  10.4 枪弹弹丸跳飞仿真过程 …… 238
  10.5 枪弹弹丸跳飞仿真结果 …… 241

第 11 章　尾翼稳定脱壳穿甲弹侵彻复合装甲仿真 …… 245

  11.1 问题描述 …… 246
  11.2 穿甲弹正侵彻仿真过程 …… 247
  11.3 穿甲弹正侵彻仿真结果 …… 259
  11.4 穿甲弹 60°斜侵彻仿真过程 …… 262
  11.5 穿甲弹 60°斜侵彻仿真结果 …… 264

第 12 章　双用途榴弹爆炸毁伤效应仿真 …… 269

  12.1 问题描述 …… 270
  12.2 双用途榴弹弹丸爆炸仿真过程 …… 271
  12.3 双用途榴弹弹丸爆炸仿真结果 …… 282

参考文献 …… 287

索　　引 …… 289

第 1 章

弹药毁伤效应数值仿真技术概论

弹药的主要作用是实现对预定目标的毁伤,其中包括爆破、冲击、侵彻等作用。目前,随着计算机技术和各种数值解法的不断发展,作为弹药爆炸毁伤相关研究的重要手段之一,数值仿真技术的地位更加凸显。数值仿真技术不仅可以方便地获得爆炸毁伤模拟工况的变化规律,确定优选方案,还可极大地减少试验数量,提高项目进度,节省研究经费。本章主要对弹药毁伤效应数值仿真相关技术进行简要介绍。

1.1 爆炸毁伤数值仿真基础

1.1.1 数值仿真技术概况

数值仿真方法主要包括有限差分方法、有限元方法、有限体积法、SPH方法等，如图1-1所示。

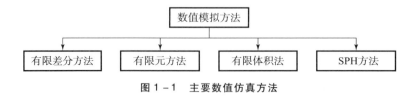

图1-1 主要数值仿真方法

1. 有限差分方法

有限差分方法是一种直接将微分问题变为代数问题的近似数值解法。这种方法首先将求解域划分为网格，然后通过泰勒级数展开等方式，将控制方程中的导数用网格节点上函数值的差商代替，进行离散操作，从而建立以网格节点上的值为未知数的代数方程组，通过解算这些方程组获得问题的近似解。当采用较多的网格节点时，有限差分方法所得近似解的精度可以得到保证。该方法具有数学概念直观、表达简单等优点，是发展较早且比较成熟的数值方法。

2. 有限元方法

有限元方法的基础是变分原理和加权余量法，其求解思想是把计算域离散为一组有限个，且按一定方式相互连接在一起的单元的组合体，在每个单元内，选择一些合适的节点作为求解函数的插值点，将微分方程中的变量改写成由各变量或其导数的节点值与所选用的插值函数组成的线性表达值，借助变分原理或加权余量法，将微分方程离散求解。采用不同的权函数和插值函数形式，便构成不同的有限元方法。由于单元能按不同的连接方式进行组合，并且单元本身又可以有不同形状，因此可以模型化几何形状复杂的求解域。

3. 有限体积法

有限体积法又称为控制体积法、有限容积法。其基本思路是：将计算区域划分为一系列不重复的控制体积，并使每个网格点周围有一个控制体积；将待解的微分方程对每一个控制体积积分，便得出一组离散方程。其中的未知数是网格点上的因变量的数值。为了求出控制体积的积分，必须假定值在网格点之间的变化规律。有限体积法的基本思路易于理解，适于解决复杂的工程问题，且具有良好的网格适应性。

4. SPH 方法

SPH（Smoothed Particle Hydrodynamics）是光滑粒子流体动力学方法的缩写，是近年来兴起并逐渐得到广泛应用的一种数值模拟方法，属于无网格方法。该方法的基本思想是将连续的流体（或固体）用相互作用的质点组来描述，各个物质点上承载各种物理量，包括质量、速度等，通过求解质点组的动力学方程和跟踪每个质点的运动轨道，求得整个系统的力学行为。由于 SPH 方法中质点之间不存在网格关系，避免了极度大变形时因网格扭曲造成的精度下降，因此，在处理结构大变形、冲击破坏等方面具有很大优势，特别适合在弹药毁伤仿真领域的应用。

5. 数值仿真实例

数值仿真方法是求取复杂微分方程近似解的非常有效的工具，是现代数字化科技的一种重要基础性原理。在科学研究中，数值仿真方法可称为探究物质客观规律的先进手段。将它用于工程技术中，可成为工程设计和分析的可靠工具。严格来说，数值仿真分析必须包含三个方面：①数值仿真方法的基本数学原理；②基于原理所形成的实用软件；③仿真时的计算机硬件。本书的重点是通过一些典型的弹药毁伤效应实例，运用 ANSYS 分析平台来系统地阐述数值仿真分析的基本原理，展示具体应用数值仿真方法的建模过程。

基于功能完善的数值仿真分析软件和高性能的计算机硬件对设计的结构进行详细的力学分析，以获得尽可能真实的结构受力信息，就可以在设计阶段对可能出现的各种问题进行安全评判和设计参数修改。据有关资料报道，一个新产品的问题有60%以上可以在设计阶段消除，甚至有些结构的施工过程中也需要进行精细的设计，要做到这一点，就需要数值仿真这样的分析手段。

以下是数值仿真方法在工程实例中的应用：

空客A350后机身第19框的设计与有限元分析过程如图1-2所示。

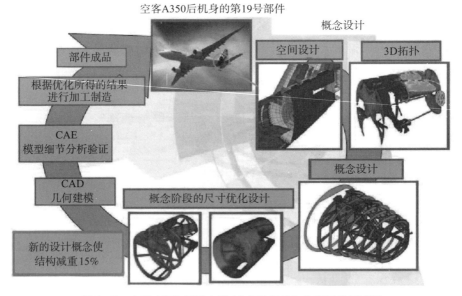

图1-2 空客A350后机身第19框的设计与有限元分析过程

北京奥运场馆鸟巢的实物和有限元模型对比如图1-3所示。

(a) (b)

图1-3 北京奥运场馆鸟巢的实物和有限元模型对比

(a) 鸟巢的钢铁枝蔓结构；(b) 鸟巢的有限元模型

图1-4所示为军用车辆的底部防地雷模块数值仿真分析。

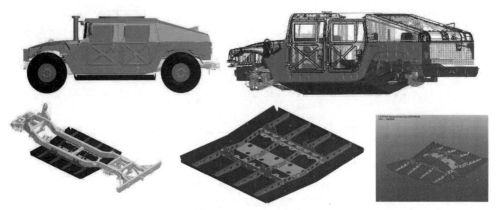

图1-4　军用车辆的底部防地雷模块数值仿真分析

图1-5所示为高能炸药爆炸时的试验与数值仿真结果,可通过两种结果进行分析比较,研究炸药爆炸的整个过程。

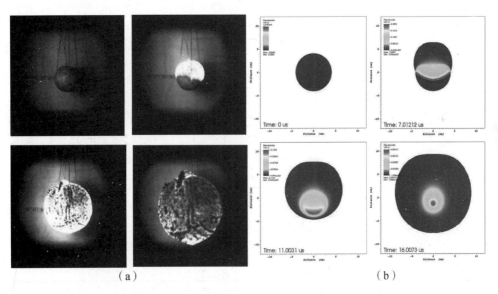

图1-5　炸药爆炸试验（a）及数值仿真结果（b）

1.1.2　数值模拟基本过程

针对具有任意复杂几何形状的变形体,完整获取在复杂外力作用下其内部的准确力学信息,即求取该变形体的三类力学信息（位移、应变、应力）。在准确进行力学分析的基础上,设计师就可以对所设计对象进行强度

(strength)、刚度(stiffness)等方面的评判,以便对不合理的设计参数进行修改,以得到较优化的设计方案;然后,再次进行方案修改后的数值仿真分析,以获得最后的力学评判和校核,确定出最终的设计方案。以有限元分析为例,其工作流程如图1-6所示。

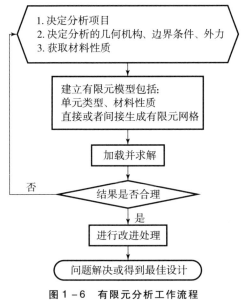

图1-6 有限元分析工作流程

有限元方法是基于"离散逼近(discretized approximation)"的基本策略,可以采用较多数量的简单函数的组合来"近似"代替非常复杂的原函数。因此,采用有限元方法可以针对具有任意复杂几何形状的结构进行分析,并能够得到准确的结果。一个复杂的函数,可以通过一系列的基底函数(based function)的组合来"近似",也就是函数逼近,其中有两种典型的方法:①基于全域的展开(如采用傅里叶级数展开);②基于子域(sub-domain)的分段函数(pieces function)组合(如采用分段线性函数的连接)。

采用有限元方法分析问题的基本步骤如下所示:

(1) 建立积分方程:根据变分原理或方程余量与权函数正交化原理,建立与微分方程初边值问题等价的积分表达式,这是有限元法的出发点。

(2) 区域单元剖分:根据求解区域的形状及实际问题的物理特点,将区域剖分为若干相互连接、不重叠的单元。区域单元划分是采用有限元方法的前期准备工作,这部分工作量比较大,除了给计算单元和节点进行编号和确定相互之间的关系之外,还要表示节点的位置坐标,同时,还需要列出自然边界和本质边界的节点序号和相应的边界值。

（3）确定单元基函数：根据单元中节点数目及对近似解精度的要求，选择满足一定插值条件的插值函数作为单元基函数。有限元方法中的基函数是在单元中选取的，由于各单元具有规则的几何形状，在选取基函数时，可遵循一定的法则。

（4）单元分析：将各个单元中的求解函数用单元基函数的线性组合表达式进行逼近；再将近似函数代入积分方程，并对单元区域进行积分，可获得含有待定系数（即单元中各节点的参数值）的代数方程组，称为单元有限元方程。

（5）总体合成：在得出单元有限元方程之后，将区域中所有单元有限元方程按一定法则进行累加，形成总体有限元方程。

（6）边界条件的处理：一般边界条件有三种形式，即本质边界条件（狄里克雷边界条件）、自然边界条件（黎曼边界条件）、混合边界条件（柯西边界条件）。对于自然边界条件，一般在积分表达式中可自动得到满足。对于本质边界条件和混合边界条件，需按一定法则对总体有限元方程进行修正满足。

（7）解有限元方程：根据边界条件修正的总体有限元方程组，是含所有待定未知量的封闭方程组，采用适当的数值计算方法求解，可求得各节点的函数值。

有限元方程是一个线性代数方程组，一般有两大类解法：一是直接解法；二是迭代法。直接解法有高斯消元法和三角分解法，如果方程规模比较大，可用分块解法和波前解法。迭代法有雅可比迭代法、高斯-赛德尔迭代法和超松弛迭代法等。

通过选用合适的求解法求解经过位移边界条件处理的公式后，得到整体节点位移列阵，然后根据单元节点位移由几何矩阵和应力矩阵得到单元节点的应变和应力。对于非节点处的位移，通过形函数插值得到，再由几何矩阵和应力矩阵求得相应的应变和应力。

应变要通过位移求导得到，精度一般要比位移差一些，尤其对于一次单元，应变和应力在整个单元内是常数，应变和应力的误差会比较大，特别是当单元数比较少时，误差更大，因此，对于应力和应变，要进行平均化处理：

（1）绕节点平均法，即依次把围绕节点的所有单元的应力加起来平均，以此平均应力作为该节点的应力。

（2）二单元平均法，即把相邻的两单元的应力加以平均，并以此作为公共边的节点处的应力。

整理并对有限元法计算结果进行后处理，一是要得到结构中关键位置力学量的数值（如最大位移、最大主应力和主应变、等效应力等）；二是得到整个结构的力学量的分布（根据计算结果直接绘制位移分布图、应力分布图等）；三是后处理要得到输入量和输出量之间的响应关系。

1.1.3 网格生成技术

网格生成技术是指对不规则物理区域进行离散，以生成规则计算区域网格的方法。网格是 CFD 模型的几何表达形式，也是模拟与分析的载体。对于复杂的 CFD 问题，网格的生成极为耗时，并且极易出错，生成网格所需的时间常常大于实际 CFD 计算时间。因此，有必要对网格生成技术进行研究。

对于连续介质系统，例如飞行器周围的气体，集中在障碍物上的压力，回路中的电磁场，或者是化学反应器中的浓缩物，都可以用偏微分方程来进行描述的。为了对这些系统进行模拟，需要基于一定数量的时间、空间意义的点对连续性方程进行离散化，并且在这些点上对各种物理量进行计算。离散的方法通常有下列三种：有限差分法、有限体积法、有限元法，都是使用相邻的点来计算所需要的点。

一般来说，通过连接点的方式的不同，可以把网格类型分为两种：结构化网格和非结构化网格。结构化网格是正交的处理点的连线，即意味着每个点都具有相同数目的邻点；而非结构化网格是不规则的连接，每个点周围的点的数目是不同的。图 1-7 给出了两种网格类型的例子。

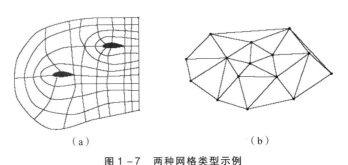

（a） （b）

图 1-7 两种网格类型示例
（a）结构化网格；（b）非结构化网格

在一些情况中，也有部分网格是结构的，部分网格是非结构的，例如，在黏性流体中，边界一般使用结构网格，其他部分使用非结构网格。

1. 离散法类型

离散的主要方法有有限差分法、有限体积法和有限元法，为了说明这些方法，首先来考虑连续性方程。

$$\frac{\partial \rho}{\partial t} + \nabla \cdot (\rho U) = S \qquad (1-1)$$

式中，ρ 是密度；S 是源项；U 是速度，表示各个方向上的质量流的速度。有限差分法是用下面的办法来达到对所需要的点的模拟的。例如，对正交网格，矩形在横轴的长度是 h，有：

$$\frac{\partial \rho}{\partial x} \approx \frac{1}{h}[\rho(x_{n+1}) - \rho(x_n)] \qquad (1-2)$$

有限差分法适用于规则的网格，但对于不规则的网格也可以运用，也可以在特殊的坐标系中对正交网格使用有限差分法（例如在球形极坐标中）。

在有限体积法中，物理空间被分成很多小的体积 V，对每一个小的体积运用偏微分方程进行积分：

$$\frac{\mathrm{d}}{\mathrm{d}t}\int_V \rho \mathrm{d}\Omega + \oint_{\partial V}(\rho U) \cdot n\mathrm{d}\Gamma = \int_V S\mathrm{d}\Omega \qquad (1-3)$$

然后用每个小体积中的每个所求量的平均值来代替所要求的值，用相邻体积中变量的函数来表示流过每个体积表面的流量。运用有限体积法进行离散，适用于结构或者非结构网格。在非结构网格中，每个表面上的流通量依然可以用相邻的变量来进行很好的定义。

有限元方法也是把空间分为很多小的体积，相当于很多小的单元，然后在每个单元里，变量和流通量都用势函数来表示，计算的变量都是这些势函数中的系数。有限元方法在结构网格运用中没有明显的优势，但在非结构网格中被普遍使用。

2. 结构化网格

从严格意义上讲，结构化网格是指网格区域内所有的内部点都具有相同的毗邻单元。网格系统中节点排列有序，每个节点与邻点的关系固定不变。结构化网格具有以下优点：

（1）它可以很容易地实现区域的边界拟合，适于流体和表面应力集中等方面的计算。

（2）网格生成的速度快。

（3）网格生成的质量好。

（4）数据结构简单。

（5）对曲面或空间的拟合大多数采用参数化或样条插值的方法得到，区域光滑，与实际的模型更容易接近。

结构化网格最典型的缺点是适用的范围比较窄。尤其随着近几年的计算机和数值方法的快速发展，人们对求解区域的复杂性的要求越来越高，在这种情况下，结构化网格生成技术就显得力不从心了。

结构化网格生成技术主要有：正交曲线坐标系中的常规网格生成法、贴体坐标法和对角直角坐标法。结构化网格生成法结构如图 1-8 所示。

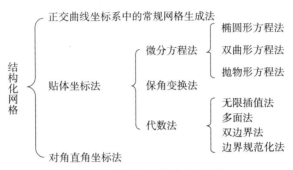

图 1-8　结构化网格生成法结构

3. 非结构化网格

同结构化网格的定义相对应，非结构化网格是指网格区域内的点不具有相同的毗邻单元。即在这种网格系统中节点的编号命名并无一定规则，甚至是完全随意的，并且每一个节点的邻点个数也不是固定不变的。从定义上可以看出，结构化网格和非结构化网格有相互重叠的部分，即非结构化网格中可能会包含结构化网格的部分。

非结构化网格技术从 20 世纪 60 年代开始得到了发展，主要是弥补结构化网格不能够解决任意形状和任意连通区域的网格剖分的缺欠。到 90 年代时，非结构化网格的文献达到了它的高峰时期。由于非结构化网格的生成技术比较复杂，随着人们对求解区域的复杂性的不断提高，对非结构化网格生成技术的要求也越来越高。从现有的文献情况来看，非结构化网格生成技术中只有平面三角形的自动生成技术比较成熟（边界的恢复问题仍然是一个难题，现在正在广泛讨论），平面四边形网格的生成技术正在走向成熟。而空间任意曲面的三角形、四边形网格的生成技术，三维任意几何形状实体的四面体网格和六面体网格的生成技术还远远没有达到成熟，需要解决的问题还非常多。主要的困难是从二维到三维以后，待剖分网格的空间区非常复杂，除四面体单元以外，很难生成同一种类型的网格。需要各种网格形式之间的过渡，如金字塔形、五面体形等。

对于非结构化网格技术，可以根据应用的领域，分为应用于差分法的网格生成技术（grid generation technology）和应用于有限元方法中的网格生成技术（mesh generation technology）。应用于差分计算领域的网格，除了要满足区域的几何形状要求以外，还要满足某些特殊的性质（如垂直正交、与流线平行正交等），因而从技术实现上来说就更困难一些。基于有限元方法的网格生成技术相对非常自由，对生成的网格只要满足一些形状上的要求就可以了。

非结构化网格生成技术还可以从生成网格的方法来区分，主要有以下一些生成方法：

对平面三角形网格生成方法，比较成熟的是基于 Delaunay 准则的一类网格剖分方法（如 Bowyer – Watson Algorithm 和 Watson's Algorithm）和波前法（Advancing Front Triangulation）的网格生成方法。另外，还有一种基于梯度网格尺寸的三角形网格生成方法，这一方法现在还在发展中。基于 Delaunay 准则的网格生成方法的优点是速度快，网格的尺寸比较容易控制。缺点是对边界的恢复比较困难，很可能造成网格生成的失败，对这个问题的解决方法现在正在研究中。波前法的优点是对区域边界拟合的比较好，所以，在流体力学等对区域边界要求比较高的情况下，常常采用这种方法。它的缺点是对区域内部的网格生成的质量比较差，生成的速度比较慢。

曲面三角形网格生成方法主要有两种：一种是直接在曲面上生成曲面三角形网格；另一种是采用结构化和非结构化网格技术偶合的方法，即在平面上生成三角形网格以后再投影到空间的曲面上，这种方法会造成曲面三角形网格的扭曲和局部拉长，因此，在平面上必须采用一定的修正技术来保证生成的曲面网格的质量。

平面四边形网格的生成有两类主要方法：一类是间接法，即在区域内部先生成三角形网格，然后分别将两个相邻的三角形合并成一个四边形。生成的四边形的内角很难保证接近直角。所以，再采用一些相应的修正方法（如 Smooth）加以修正。这种方法的优点是首先就得到了区域内整体的网格尺寸的信息，对四边形网格尺寸梯度的控制一直是四边形网格生成技术的难点。缺点是生成的网格质量相对比较差，需要多次修正，同时，需要首先生成三角形网格，生成的速度也比较慢，程序的工作量大。

另一类是直接法，二维的情况称为铺砖法（paving method）。采用从区域的边界到区域的内部逐层剖分的方法。这种方法到现在已经逐渐替代间接法而成为四边形网格的主要生成方法。它的优点是生成的四边形的网格质量好，对区域边界的拟合比较好，最适合流体力学的计算。缺点是生成的速度慢，程序设计复杂。空间的四边形网格生成方法到现在还是主要采用结构化与非结构化网格相结合的网格生成方法。

三维实体的四面体和六面体网格生成方法现在还远远没有达到成熟。部分四面体网格生成器虽然已经达到了使用的阶段，但是对任意几何体的剖分仍然没有解决，现在的解决方法就是采用分区处理的办法，将复杂的几何区域划分为若干个简单的几何区域，然后分别剖分再合成，对凹区的处理更是如此。

六面体的网格生成技术主要采用的是间接方法，即以四面体网格剖分作为基础，然后生成六面体。这种方法生成的速度比较快，但是生成的网格很难达到完全的六面体，会剩下部分四面体，四面体和六面体之间需要金字塔形的网格来连接。现在还没有看到比较成熟的直接生成六面体的网格生成方法。

图1-9所示是网格生成技术在具体实例中的应用。

图1-9 网格生成技术在具体实例中的应用

1.2 相关软件介绍

1.2.1 AUTODYN软件简介

AUTODYN是美国Century Dynamics公司于1985年在加州硅谷开发的一款软件产品，其采用有限差分和有限元技术来解决固体、流体、气体及其相互作用的高度非线性动力学问题。它提供很多高级功能，具有浓厚的军工背景，在国际军工行业占据80%以上的市场，尤其在水下爆炸、空间防护、战斗部设计等领域有其不可替代性。经过不断的发展和行业应用，AUTODYN已经成为一个拥有良好用户界面的集成软件包，包括：有限元（FE），用于计算结构动力学；有限体积运算器，用于快速瞬态计算流体动力学（CFD）；无网格/粒子方法，用于大变形和碎裂（SPH）；多求解器耦合，用于多种物理现象耦合情况下的求解；丰富的材料模型，如金属、陶瓷、玻璃、水泥、岩土、炸药、水、空气及其他的固体、流体和气体的材料模型与数据；结构动力学、快速流体流动、材料模型、冲击，以及爆炸和冲击波响应分析。AUTODYN集成了前处理、后处理和分析模块。同时，为了保证最高的效率，采取高度集成环境架构。它能够在 Microsoft Windows 和 Linux/UNIX 系统中以并行或者串行方式运行，支持共享的内存和分布式集群。图 1-10 所示为 AUTODYN 软件界面。

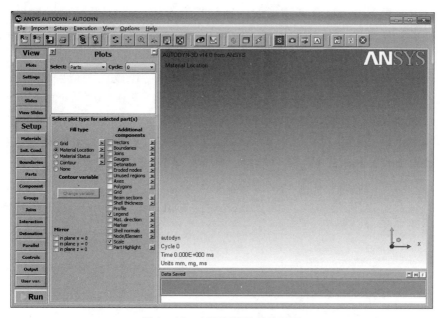

图 1-10　AUTODYN 软件界面

AUTODYN 有别于一般的显式有限元或者计算流体动力学程序。从一开始，就致力于用集成的方式自然而有效地解决流体和结构的非线性行为，这种方法的核心在于复杂的材料模型与流体结构程序的无缝结合方式。目前，AUTODYN 软件的主要特色功能有：

（1）流体、结构的耦合效应。

（2）拥有 FE、CFD 和 SPH 等多个求解器，并且 FE 可以和其他的求解器耦合。

（3）除了流体和气体，其他有强度的材料（如金属）可以运用于所有的求解器。

（4）从 FE 求解器到 CFD 求解器的完全映射功能，反之亦然。

（5）高度可视化的交互式 GUI 界面。

（6）求解器与前、后处理器的无缝集成。

（7）完善的材料数据库，同时包含有热力学和本构响应。

（8）在共享内存和分布式内存系统上并行和串行运算方式。

（9）资深开发者的直接指导。

（10）直观的用户界面。

（11）对于大量试验现象的验证。

在性能方面，AUTODYN 的新一代有限元求解器（FE）能够实现在更短的时间内求解更大型、更复杂模型，并且与其他有限元求解器和 CAE 软件结合更为便利，从而大大提高了 AUTODYN 软件的灵活性。除了更有效、精确的 FSI 方法，用于多种材料计算的流体动力学（CFD）求解器也有明显增强，提高了广泛的尤其是包括振动和爆炸应用案例求解的稳健性和精确度。AUTODYN 的并行能力也在诸多方面有了突破，包括 CFD 及其与有限元求解器的连接。同时，在新材料模拟及前后处理能力方面有了很大进步。

在模型方面，AUTODYN 软件具有便捷、务实和复杂的造型特点。它具有广泛的材料模型库，可模拟几乎所有的固体、液体和气体（例如：金属、复合材料、陶瓷、玻璃、水泥、土壤、炸药）。几乎所有的状态方程、强度和失效/损伤材料模型都集成到了 AUTODYN 软件的材料库中。AUTODYN 软件部分材料模型如图 1-11 所示。

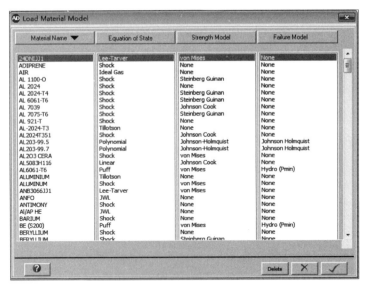

图 1-11 AUTODYN 软件部分材料模型

在软件开放性方面，AUTODYN 软件具有开放式构架。其大多数的功能，如状态方程、强度模型、损伤模型均能够实现开放式的功能。AUTODYN 软件允许用户通过使用用户子程序和用户变量来实施可扩展的功能。AUTODYN 拓展了 ANSYS 软件解决复杂问题的高速、瞬态耦合场问题的先进技术，包括有限元求解器、CFD 及无网格方法。它使 ANSYS 软件具备了强大的工程设计和仿真能力,为统一整合所有核心技术的 ANSYS Workbench 提供了技术支撑。

AUTODYN 软件已经在航空航天领域、军事领域、工业领域等得到了深入广泛的应用。尤其在分析高度非线性、高速冲击载荷作用等理论和试验不容易解决的问题方面,该软件发挥了其不可替代的优势,促进了问题的解决,推动了行业的发展。以下是 AUTODYN 软件在实际工程应用中的案例。

图 1-12 给出了子弹对靶板的侵彻过程。

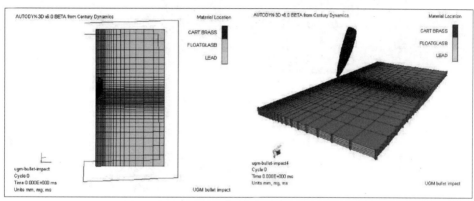

图 1-12　子弹对靶板的侵彻过程

图 1-13 给出了城市中心爆炸效应分析过程。

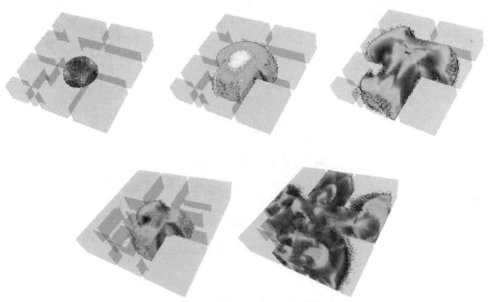

图 1-13　城市中心爆炸效应分析过程

图 1-14 给出了边墙破坏实际和仿真效果对比图。

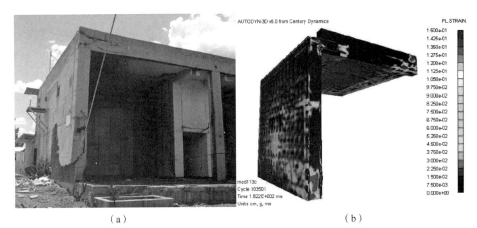

(a) (b)

图 1-14 边墙破坏实际（a）和仿真效果（b）对比图

图 1-15 给出了头盔碰撞杆的作用过程。

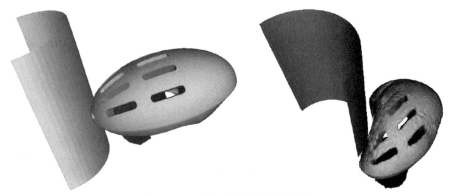

图 1-15 头盔碰撞杆的作用过程

图 1-16 给出了鸟对飞行器撞击后的破坏。

图 1-16 鸟对飞行器撞击后的破坏

AUTODYN 是目前模拟结构在瞬态载荷作用过程中的变化规律和破坏形态的最好、最清晰的软件，目前已成为世界范围内研究机构进行结构动力学、快速流体流动及爆炸和冲击波响应分析的重要研究平台，具有良好的应用前景，能够较好地满足弹药爆炸毁伤仿真的需要。

1.2.2 TrueGrid 软件简介

TrueGrid 是美国 XYZ Scientific Applications 公司推出的著名、专业通用的网格划分前处理软件。其支持大部分有限元分析（FEA）及计算流体动力学（CFD）软件。它采用命令流的形式来完成整个建模过程，可以支持外部输入的 IGES 数据，也可以在 TrueGrid 中通过 Block 或 Cylinder 命令来创建基本块体，然后使用 TrueGrid 强大的投影功能完成各种复杂的建模。

TrueGrid 作为前处理软件，可以为 AUTODYN 软件的仿真计算提供优秀的网格，提高计算精度和计算速度。

1.2.3 ANSYS Workbench 软件简介

ANSYS Workbench 是基于有限元法的力学分析技术集成平台，"项目视图"（Project Schematic）功能将整个仿真流程紧密地结合在一起，通过简单的拖曳操作即可完成复杂的物理场分析流程。Workbench 不但继承了 ANSYS Mechanical APDL 界面在有限元仿真分析上的大部分强大功能，其所提供的 CAD 双向参数链接互动、项目数据自动更新机制、全新的参数、无缝集成的优化设计工具等，使 ANSYS 在"仿真驱动产品设计"方面达到了前所未有的高度，真正实现了集产品设计、仿真、优化功能于一身。

ANSYS Workbench 采用的平台可以精确地简化各种仿真应用的工作流程。同时，ANSYS Workbench 提供多种关键的多物理场解决方案、前处理和网格剖分强化功能，以及一种全新的参数化高性能计算（HPC）许可模式，可以使设计探索工作更具扩展性。此外，ANSYS Workbench 平台还可以作为一个应用开发框架，提供项目全脚本、报告、用户界面（UI）工具包和标准的数据接口。

第 2 章
AUTODYN 软件应用基础

ANSYS AUTODYN 是一种显式非线性动力分析软件，可以对固体、流体和气体的动态特性及它们之间相互作用进行分析，它也是 ANSYS Workbench 的一部分。

ANSYS AUTODYN 提供了友好的用户图形界面，它把前处理、分析计算和后处理集成到一个窗口环境里面，并且可以在同一个程序中分别进行二维和三维的数值模拟。

图形界面的按钮分布在水平方向窗体上部和垂直方向左手边位置。水平方向窗体上部是工具栏，垂直方向左手边是导航栏。工具栏和导航栏提供了一些快捷方式,这些功能也可以通过下拉菜单来实现。

AUTODYN软件主窗口由很多面板组成,如视图、对话框、消息框和命令行,如图2-1所示。

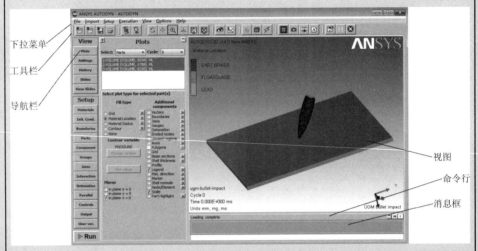

图2-1 AUTODYN软件主窗口

下面分别对AUTODYN软件的主要部分进行介绍。

第 2 章　AUTODYN 软件应用基础

2.1　工具栏

AUTODYN 软件的工具栏提供了下拉菜单中命令的快捷方式。
工具栏的按钮及其用途如下：

创建一个新模型。

打开一个已经存在的模型。

用当前的名称保存模型。

打开一个结果文件。

打开一个配置文件。

把当前视图显示的参数保存为配置文件。

打印。

移动物体（默认为开）。

移动光源。

■ 战斗部爆炸毁伤数值仿真技术

旋转场景视图。

移动场景视图。

缩放场景视图。

设置视图——通过多种视图设置达到用户的要求。

重新设置视图。

将模型缩放到适合视窗大小。

检查模型。

曲线窗口。

线框显示开关。

透视开关。

硬件加速开关。

设置幻灯片。

截取当前视图。

录制幻灯片。

创建文字幻灯片。

显示/隐藏导航栏。

手动/自动刷新。

刷新屏幕。

停止所有显示。

2.2 导航栏

导航栏有两组按钮，位于主界面的最左侧。

"View"部分为视图控制部分，可以设置视图面板的内容。在这个部分可以检查或更改显示设置、观察历史记录、创建并观察幻灯片或动画。

"Setup"部分为分析计算的参数设置部分，可以设置计算模型的各种参数。从设置材料属性的按钮开始到运行计算的按钮结束，可以通过这组按钮快速并合理地建立模型。这种设置面板的排布方式直观地说明了解决仿真问题的过程。一般可按从上到下的顺序来设置参数，从而建立完整的分析模型，其中包括材料模型参数设定、初始条件设定、边界条件设定、网格化模型参数设定、交互参数设定等内容。

最下面的运行按钮是运行计算的开关，单击后就会按照设定的参数开始仿真计算。

导航栏按钮如图 2-2 所示。

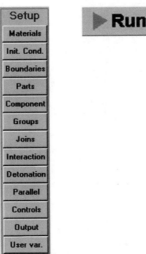

图 2-2 导航栏按钮

2.3 对话面板和对话窗口

当在导航栏选择了一个按钮后,相应的对话面板就显示出来,如图 2-3 所示。

对话面板主要包含输入区和需要进一步输入的设置按钮。在对话面板上单击一个按钮,会在面板内显示出需要进一步设置的对话面板或弹出一个新的设置对话框,如图 2-4 所示。

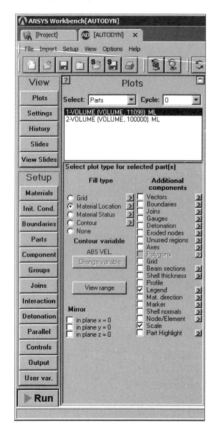

图 2-3 对话面板

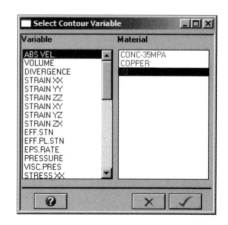

图 2-4 新的设置对话框

在几乎所有的对话框下部都有三个按钮。单击带问号的按钮可以显示关于这个对话框的功能信息,另外两个按钮是取消"×"和接受"√"。单击取消按钮"×",会关闭当前窗口,在此窗口中所做的任何更改均无效;单击接受按钮"√",会关闭当前窗口,且窗口中的更改生效。

有些情况下会出现应用按钮"Apply"。单击这个按钮,可以在不关闭窗口的情况下使更改生效。

另外,在一些对话面板或对话窗口中,用"!"标注的是必须要填写的。当输入了一个合理的值之后,标注"!"将变为"√",表示输入了有效的值。在为所有必填项目输入合理的数值之前,接受按钮处于不可用状态,如图2-5所示。

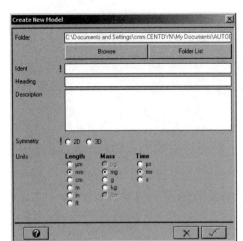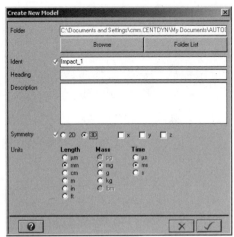

图 2-5 对话框填写内容前后对比

2.4 显 示

显示(Plot)设置面板如图2-6所示,通过这个面板设置在视图区域中的显示情况。虽然对视图的显示设置不对仿真计算过程产生影响,但可以让操作者更直观地观察到仿真过程中模型的状态变化,从而及时做出相应的参数调整,从而最终使仿真工作更加高效。同时,也能使仿真结果更形象地展示给其他读者。因此,对显示面板的设置十分重要。

循环(Cycle)——通过这个下拉菜单,可以选择查看当前模型的某个循环,即某特定时刻的状态。

选择零件(Select Part(s))——这个窗口列表显示了模型中的零件。在显示面板中的操作只应用到被选取的零件上。

填充类型（Fill type）——通过这个操作可以选择填充视图的基本方式。只能选择一种填充方式。

补充选项（Additional components）——通过这个选项可以在显示中查看一些补充选项。希望显示哪个选项，就在哪个选项旁的复选框中点选，可以多选。

选择云图变量（Contour variable）——当选择云图填充类型时，这个按钮被激活。单击这个按钮，选择生成云图的变量类型。

视图范围（View range）——当只选择一个零件的时候，这个按钮被激活。单击这个按钮，可以设定当前零件的显示范围（IJK）。

镜像（Mirror）——选择相应的对称轴旁的复选框，模型就按照相应的对称轴对称显示。

按钮 ▶——每一个填充类型和补充选项都有其默认设置，可以单击这些选项右侧的按钮"▶"来快速地访问和更改这些设置。单击后会出现一个对话框，对话框中含有与修改选项相关的设置。

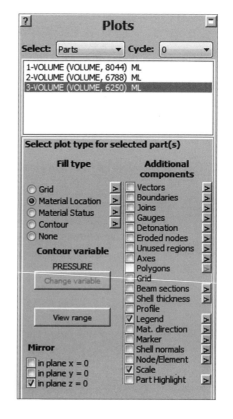

图 2-6 显示设置面板

通过导航栏中的设置按钮，可以访问这里提到的所有设置。

选择云图变量（Select Contour Variable）——通过这个窗口选择想要显示的云图变量，如图 2-7 所示。从"Variable"列表选择变量，对于多材料的变量，还得在其右侧列表中选择一种材料，或设定为所有材料"All"。

对于结构化网格，"View Range"按钮可以设置网格模型在视图中的显示范围，如图 2-8 所示。

零件（Part）——当前操作的零件及其 IJK 范围。

显示范围（View Range）——通过这个窗口定义当前零件 IJK 方向的显示范围。

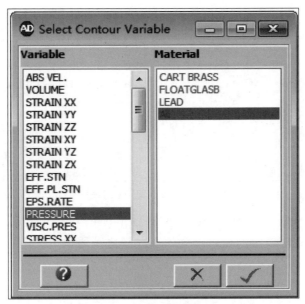

图 2-7 选择云图变量窗口

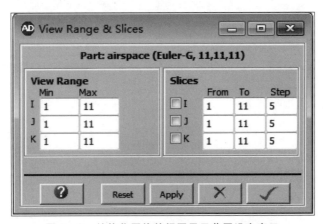

图 2-8 结构化网格的视图显示范围设定窗口

　　切片（Slices）——除了零件的实体视图，也可以通过选择三个方向中的任意几个，从而只观看其切片视图。点选想观看切片所在的网格空间，然后定义切片位置。如果没有选择切片，会以目前的显示范围显示实体。

　　重置（Reset）——单击这个按钮把显示范围和切片值重置为默认值。

　　应用（Apply）——单击这个按钮应用当前设置。

　　对于非结构化网格，视图范围"View Range"按钮对应的对话框如图 2-9 所示。

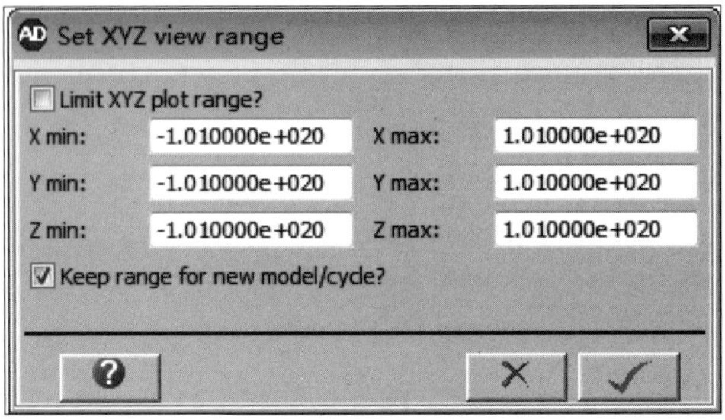

图 2-9 设定视图范围对话框

限制 XYZ 的显示范围？（Limit XYZ Plot Range?）——选择这个选项来截取非结构化或是 SPH 零件的显示范围。落在指定范围之外的非结构化或是 SPH 节点不会显示。

显示范围（Xmin，Xmax；Ymin，Ymax；Zmin，Zmax）——为非结构化或是 SPH 零件设定显示的 X、Y、Z 轴方向的上下限。显示范围不是基于单个零件的，所以显示范围会应用到模型中的所有非结构化或是 SPH 零件。

显示类型设置（Plot Type Settings）按钮能够进行显示类型的设置，单击后会出现显示类型设置面板，如图 2-10 所示，通过此面板可以控制模型的显示。在此面板顶部的下拉菜单中可选择显示类型，从而进一步改变其设置。

可以为如下的显示类型设置相应参数：

Display（显示）

Grid（网格）

Materials（材料）

Contour（云图）

Velocity vector（速度向量）

Gauge point（积分点/高斯点）

Boundary（边界）

Joins（连接）

Axes（轴）

Detonation（炸点）

这些设置也可以通过单击显示面板（Plot type）中对应选项旁的按钮"▶"进行改变。

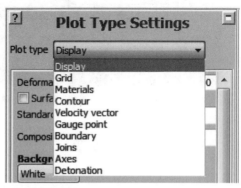

图 2-10　显示类型设置面板

下面的补充设置可以通过单击显示面板（Plot Panel）中补充选项（Additional Components）部分的相应按钮 ▶ 进行改变。

　　Polygons——二维（多边形）

　　Beam sections（梁截面）

　　Shell thickness（壳厚度）

　　Legend（显示说明文字）

　　Mat. Direction（材料方向）

　　Marker（标记）

　　Shell normals（壳法向）

　　Node/Element（节点/单元）

　　Part Highlight（零件高亮显示）

|2.5　材料（Materials）|

在进行瞬态动力学分析时，必定与一定的材料相关，比如钻地弹侵彻钢筋混凝土，图 2 – 11 所示为 GBU – 28 激光制导钻地炸弹的 BLU – 122 战斗部的侵彻试验，在这一过程中涉及钻地弹弹体、混凝土、钢筋和炸药等材料。其中 BLU – 122 侵彻战斗部由整块的 ES – 1 Eglin 合金钢加工而成，内装 AFX – 757 炸药，钢筋混凝土的强度为 34.5 MPa。

图 2 – 11　钻地弹侵彻钢筋混凝土

为了对钻地弹侵彻钢筋混凝土靶进行仿真分析，就必须建立相应实体的材料模型。通过材料模型定义窗口，就可实现对仿真过程中涉及的材料模型的选择和参数设置，如图 2 – 12 所示。

材料列表（Material List）——在此面板顶部的窗口中列表显示了当前模型中已定义的材料，可通过此列表选择材料模型。

新建（New）——单击此按钮定义一个新材料。

更改（Modify）——单击此按钮为所选材料更改参数。

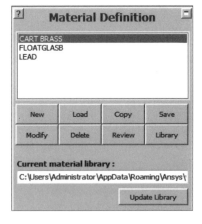

图 2 – 12　材料定义面板

复制（Copy）——单击此按钮将现存材料的参数复制到新材料或者另一个现存材料中。

删除（Delete）——单击此按钮从模型中删除一个或多个材料。

查看（Review）——单击此按钮弹出一个浏览窗口，从而查看所选材料的参数。

库（Library）——默认的材料库为"standard.mlb"。库中包含世纪动力公司提供的所有材料数据，可通过单击此按钮将材料库更改为其他材料库。

加载（Load）——单击此按钮在当前材料库中选择材料模型并加载。

保存（Save）——单击此按钮将已定义的材料保存到材料库。

当前材料库（Current material library）——此处显示当前材料库。

更新库（Update Library）——单击此按钮更新旧材料库文件，从而使其支持当前版本的 AUTODYN。

通常，"Load"按钮从当前材料库中载入类似的材料模型，然后在这个材料模型的基础上对相关参数进行修改，从而得到所要研究的材料模型。

2.6 初始条件（Initial Conditions）

在瞬态动力学仿真过程中，经常会遇到高速侵彻的情况，这就需要对侵彻体施加初始速度，其中包括线速度、角速度等。如图 2-13 所示，展示了高速穿甲弹侵彻 ALON 透明陶瓷装甲的情况。研究者只关心侵彻体与靶板的相互作用情况，而不会关心初始速度是通过何种方式加载的，比如是通过身管发射的，还是通过火箭发动机助推的。

 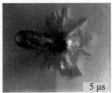  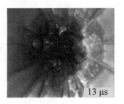

图 2-13 高速穿甲弹侵彻陶瓷装甲目标

初始条件设置面板可实现对网格模型的速度加载，即设置初始速度，如图 2-14 所示。可以通过在"Parts"面板单击"Fill"（填充）按钮，将初始条件加载在网格模型上。当然，不一定要通过初始条件设置来填充零件，但是使用这种方法有比较大的好处，因为所有对初始条件的更改会自动应用到使用此初始条件填充的零件上，这意味着不需要重新填充零件。

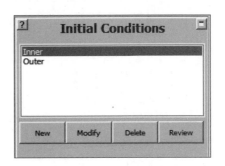

图 2-14 初始条件设置面板

初始条件列表——面板顶部窗口列表显示了模型中已定义的初始条件，可以在这里选择一个初始条件。

新建（New）——单击此按钮新建一个初始条件。

修改（Modify）——单击此按钮修改已选择的初始条件。

删除（Delete）——单击此按钮从模型中删除一个或多个初始条件。

查看（Review）——单击此按钮弹出一个浏览窗口，查看所选初始条件的参数。

2.7 边界条件（Boundaries）

在试验过程中，为了保证某些实体（如靶板）不发生移动，需要采取方法对实体进行固定。同样，在数值仿真中为了固定靶板，一般采用控制节点速度的方式进行，如图 2-15 所示，为了防止靶板在弹体侵彻方向发生移动，可将模型边界所有节点在来袭方向上的速度设定为零，这样就可以避免靶板在来袭方向的宏观运动。

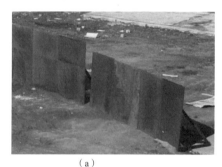
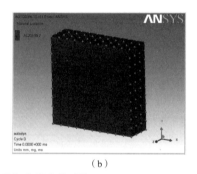

(a) (b)

图 2-15 靶板固定在试验与仿真中的对比

(a) 实验中靶板的固定；(b) 数值仿真中靶板的固定

在数值仿真中，对靶板的固定就是在边界条件设置面板中进行的。通过边界条件设置面板可以为零件创建各种边界条件，如图 2-16 所示。

边界条件列表（Boundary Condition List）——面板顶部窗口列表显示了模型中已定义的边界条件，可以在这里选择一个边界条件。

新建（New）——单击此按钮新建一个边界条件。

修改（Modify）——单击此按钮修改已选择的边界条件。

删除（Delete）——单击此按钮从模型中删除一个或多个边界条件。

查看（Review）——单击此按钮弹出一个浏览窗口，查看所选边界条件的相关参数。

需要注意的是，对靶板的固定只是边界条件设置的一个方面，除此之外，还包括对 Stress、Velocity、Bending、Flow_In、Flow_Out、Transmit、Force、Force/Length 等初始条件的设置，如图2-17所示。在每一种边界条件类型中，还有相应的子选项和数值的设定。

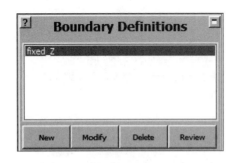

图2-16 边界条件设置面板

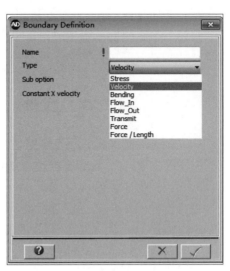

图2-17 边界条件定义对话框

2.8 零件（Parts）

AUTODYN 软件是基于数值化的计算方法，在计算前必须建立相应的实体模型，并将实体网格化，才能进行相应的数值分析计算。零件是使用一个求解器求解的一组网格，或者是一组 SPH 节点。零件面板（Parts）可以在 AUTODYN 中以零件的方式建模，如图2-18所示，通过此面板可以创建或者更改模型中的零件，并能将材料模型、边界条件等加载在网格模型上。

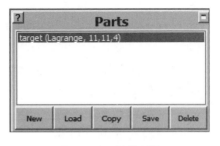

图2-18 零件面板

零件列表（Parts List）——在此面板顶部的窗口中列表显示了当前模型中已定义的零件。通过此列表选择零件。

新建（New）——单击此按钮定义一个新零件。
加载（Load）——单击此按钮从零件库中加载一个零件。
复制（Copy）——单击此按钮将现存的零件复制为另一个新零件。
保存（Save）——单击此按钮将零件保存到零件库。
删除（Delete）——单击此按钮删除零件。
面板中其余的部分随着被选零件使用的求解器不同而不同。

2.9 部件（Components）

部件面板可以进行部件操作，如图 2-19 所示，通过此面板定义部件，并进行相关操作。部件是一组零件，可以一起进行操作。

部件列表（Component List）——面板上部为已定义的部件列表，可以在此处选择部件。

新建（New）——单击此按钮新建部件。

更改（Modify）——单击此按钮更改部件。

删除（Delete）——单击此按钮删除部件。

查看（Review）——单击此按钮查看部件。

材料（Material）——单击此按钮使用同一材料填充当前部件的所有零件。

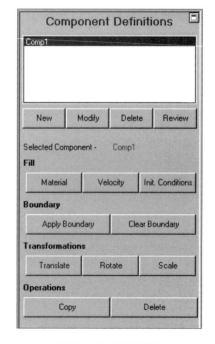

图 2-19 部件面板

速度（Velocity）——单击此按钮使用同一速度赋予当前部件的所有零件。

初始条件（Initial Conditions）——单击此按钮使用同一初始条件赋予当前部件的所有零件。

施加边界条件（Apply Boundary）——单击此按钮为所选部件施加边界条件。

清除边界条件（Clear Boundary）——单击此按钮清除所选部件的边界

条件。

平移（Translate）——单击此按钮平移所选部件中的所有零件。

旋转（Rotate）——单击此按钮旋转所选部件中的所有零件。

缩放（Scale）——单击此按钮缩放所选部件中的所有零件。

复制（Copy）——单击此按钮复制所选部件。

删除（Delete）——单击此按钮删除所选部件。

2.10 组（Groups）

组面板可以进行组的操作，如图2-20所示，可通过此面板定义组，并进行相关操作。组是一组节点、面或单元的集合，可以通过组进行一些操作，如施加边界条件、填充。

组列表（Group List）——窗口上部为已定义组的列表，包含组类型（节点、面或单元）和组大小，可以在此选择一个组。

新建（New）——单击此按钮新建组。

重命名（Rename）——单击此按钮重命名组。

删除（Delete）——单击此按钮删除组。

查看（Review）——单击此按钮查看组。

多边形添加（Polygon Add）——单击此按钮交互式地定义多边形，所有在此多边形内的节点、面或单元均添加到所选组中。通过 Alt 键和鼠标左键组合设置多边形的角点。使用 Shift 键

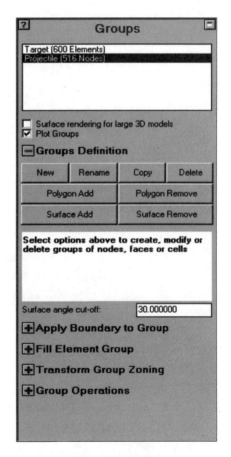

图 2-20 组面板

和左键删除上一个多边形角点。使用 Control 键和左键完成多边形的定义。完成多边形的定义后，所选的节点或面将显示出来，单击"√"按钮接受选择，并将其加入组；单击"×"按钮退出选择程序。

2.11 连接（Joins）

连接面板可以进行连接操作，如图 2-21 所示，通过此面板连接模型中的零件。如果是连接两个零件，AUTODYN 自动寻找两个零件中在一起的节点并进行连接。通过连接容差"Join tolerance"的设置，定义距离小于此值的节点被连接起来。

连接（Join）——单击此按钮连接零件。

分离（Unjoin）——单击此按钮分离零件。

分离全部（Unjoin All）——单击此按钮分离全部零件。

矩阵（Matrix）——单击此按钮通过矩阵定义连接。

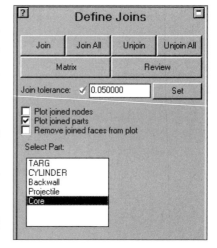

图 2-21 连接面板

查看（Review）——单击此按钮查看已连接的零件。

连接容差（Join tolerance）——输入 AUTODYN 判断节点是否进行连接的容差值。单击"Set"（设置）按钮确定输入。

显示连接节点（Plot joined nodes）——选择此复选框为每个连接节点显示标识。

显示连接零件（Plot joined parts）——选择此复选框显示与所选零件连接的零件。选择此项后，会出现一个选择零件窗口。

从显示中移除连接面（Remove joined faces from plot）——选择此复选框从云图中移除连接面，在其他类型的显示中也不显示连接面。

改进连接节点显示（Improved rendering across joined nodes）——此选项从渲染显示中移除连接面。选择此选项将形成连续的云图，在其他类型的显示中也不显示连接面。

2.12 接触（Interactions）

在自然界中，两个物体无法同时占据同一空间，而在 AUTODYN 软件中，如果不进行接触设置，两个零件会无视对方的存在，产生自然界无法产生的现象，这与实际结果不相符。因此，要进行零件间的接触设置。通过接触设置面板，可定义模型中不同类型零件的接触，通过面板顶部的按钮选择需要设置的接触类型，如图 2-22 所示。

图 2-22 接触设置面板

拉格朗日/拉格朗日（Lagrange/Lagrange）——单击此按钮设置拉格朗日零件之间的接触/滑移界面，适用于使用拉格朗日、壳单元或梁单元求解器的零件。

欧拉/拉格朗日（Euler/Lagrange）——单击此按钮设置欧拉和拉格朗日零件之间的耦合。

2.13 炸点（Detonation）

炸药等含能材料的反应速度很快，一般每秒可达数千米。当炸药的体积较大时，可把雷管的起爆近似看作点起爆，这也是典型的炸药起爆方式。因此，在与含能材料相关的研究过程中，需要对起爆参数进行相应的设置。

通过炸点设置面板，可设置含能材料爆炸或爆燃的初始位置和起爆时刻，如图 2-23 所示。

爆炸/爆燃（Detonations/Deflagrations）——窗口上部列表显示已定义的爆炸/爆燃点，可以在此选择。

图 2-23 炸点设置面板

2.14 控制（Controls）

通过控制面板为模型定义求解控制选项，如图2-24所示。

终止标准（Wrapup Criteria）——第一次打开此面板时，只显示终止标准选项，这是因为必须设定这里面的参数。其他的控制参数均有默认值，一般情况下均可用。

循环限制（Cycle limit）——输入模型计算的最大循环数。如果不希望模型的计算受到循环的限制，可输入一个较大的循环数值。一般来说，通常在时间限制"Time limit"参数栏内，填入所关心的模型发生作用的真实时间。

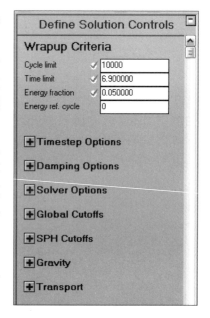

图2-24 控制面板

时间限制（Time limit）——输入模型计算的最长时间。如果不希望模型的计算受到时间的限制，可输入一个较长的时间数值，如1.0E20。

能量分数（Energy fraction）——在此输入一个能量分数值，当模型的能量误差太大时停止计算。默认值为0.05，即当模型的能量误差大于5%时，模型停止计算。

检查能量循环数（Energy reference cycle）——输入AUTODYN检查能量的循环数。

时间步选项（Timestep options）——这些选项控制模型中的时间步。

起始时间（Start time）——输入模型的起始时间。

最小时间步（Minimum timestep）——输入最小时间步。如果时间步小于此值，终止计算。如果在此处输入0，最小时间步将被设定为初始时间步的1/10。

最大时间步（Maximum timestep）——输入最大时间步。AUTODYN会使用此值的最小值或者计算出的稳定时间步。

初始时间步（Initial timestep）——输入初始时间步。

如果在此处输入 0，初始时间步将被设定为稳定时间步的 1/2。

安全因子（Safety factor）——输入安全因子。使用稳定计算极限进行求解计算是不明智的，所以常使用安全因子计算稳定时间步。默认值是 0.666 6，这通常适用于绝大多数问题，但在某些情况下，建议使用 0.9，这时时间步长较大，计算较快。对于大多数拉格朗日计算，0.9 较为合适。

2.15 输出（Output）

通过输出窗口设置计算生成文件的相关参数，如图 2-25 所示。

中断（Interrupt）——设置计算的中断频率，中断后可进行显示、查看和检查。

刷新（Refresh）——设置显示面板的刷新频率。

保存（Save）——设置仿真计算所得结果的保存方式。

循环/时间（Cycle/Times）——选择写数据的频率是按照循环还是按照时间。

开始循环/时间（Start cycle/time）——为第一个保存文件输入写的循环或时间，一般设为"0"。

终止循环/时间（End cycle/time）——为最后一个保存文件输入写的循环或时间，一般设为与控制（Control）面板中时间限制

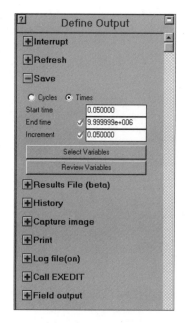

图 2-25 输出面板

（Time limit）的值相同，这样就可以保存整个仿真过程的计算结果。

如果不能确定模型终止计算的时间，在此输入一个较大的值，就不需要再到这里更改此项设置了。

增量（Increment）——输入起始循环/时间和终止循环/时间之间写文件的频率。

选择变量（Select Variables）——单击此按钮为保存文件选择写入的变量。

查看变量（Review Variables）——单击此按钮，弹出以 HTML 格式显示的结构化或非结构化变量。

2.16 运行（Run）

运行（Run）按钮用于开始仿真计算，当全部的仿真参数设置完毕后，单击此按钮就会开始进行数值仿真计算。

第 3 章

TrueGrid 软件应用基础

TrueGrid 软件是非常优秀的网格模型划分软件,是进行数值仿真计算的基础。

3.1 TrueGrid 软件基本应用

3.1.1 启动 TrueGrid

选择"开始"→"所有程序"→"XYZ Scientific Applications"→"TrueGrid",如图 3-1 所示。

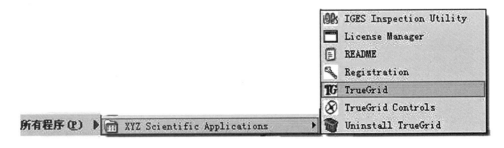

图 3-1 TrueGrid 的启动过程

启动 TrueGrid 软件时,会出现打开 tg 文件(tg 文件为 TrueGrid 的文件格式)的窗口,如果不打开已有的 tg 文件,则直接单击"Cancel"按钮进入 TrueGrid 的 control 阶段,如图 3-2 所示。

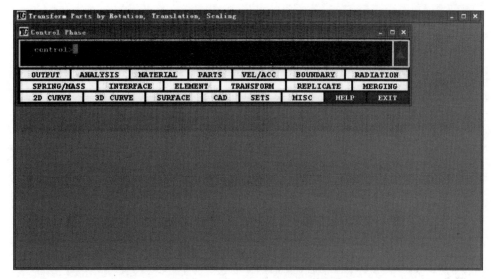

图 3-2　TrueGrid 的启动过程

3.1.2　TrueGrid 软件的三个阶段

TrueGrid 软件包括三个工作阶段，分别是 Control Phase、Part Phase 和 Merge Phase。对应于各个阶段，在 TrueGrid 的左上角窗体标题上有显示。

1. Control Phase

在启动 TrueGrid 软件时，如果不打开已有的 tg 文件，默认的状态即为 Control Phase。该阶段的文本菜单窗口如图 3-3 所示。

图 3-3　Control Phase 的文本菜单窗口

该阶段的主要功能有设定输出、定义材料属性、导入几何模型等。在这个阶段不能使用图形功能。

2. Part Phase

通过 Block 或 Cylinder 命令即可进入 Part Phase，该阶段主要创建几何模型、生成网格等。在该阶段会出现三个新的窗口：计算窗口（Computational）、物理窗口（Physical）和环境窗口（Environment），同时，原来文本菜单窗口的标题变成了 Part Phase，如图 3-4 所示。

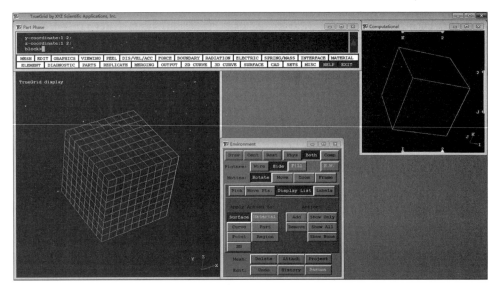

图 3-4　Part Phase 的菜单窗口

计算窗口用于显示网格间的逻辑结构关系，物理窗口用于显示网格和几何模型，环境窗口用于对模型显示等进行一些操作设置。在 Part Phase 中进行的操作主要包括初始化网格、定位、投影、编辑、光滑处理块网格等，同时还可以定义边界条件和载荷。

3. Merge Phase

在该阶段主要是将各个块网格通过黏合、合并节点等方式来装配成一个整体模型，也称为合并网格阶段。在这个阶段没有计算窗口，只有物理窗口（Physical）和环境窗口（Environment）。在 Merge Phase 中进行的操作主要包括文件输出、边界条件及载荷的施加、网格质量检查及网格的可视化操作等。直接输入命令"merge"即可进入 Merge Phase。同样，输入命令"control"可以进入 Control Phase，如图 3-5 所示。

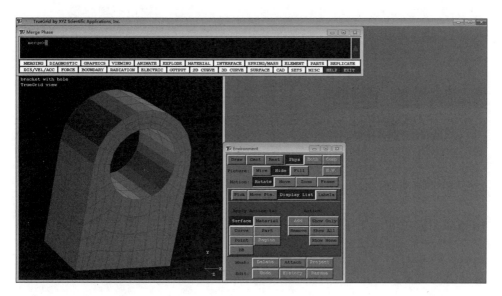

图 3-5 Merge Phase 的菜单窗口

3.1.3 TrueGrid 中生成网格的基本步骤

在 TrueGrid 中生成网格的基本步骤主要分为三步：第一步，启动 TrueGrid；第二步，基本设置，包括输入文件名、根据解算器类型选择网格导出的格式、选择材料类型和参数、设置滑移界面和对称面属性、导入几何体等；第三步，生成网格，生成一个或多个 block、选择节点数目设置其分布、生成辅助几何体、生成网格、检查网格质量、设置边界条件；第四步，合并网格，主要包括合并零件形成一个完整的几何体、检查网格质量、生成梁及其他特殊单元体、输出网格等。

采用 TrueGrid 软件进行网格生成、划分时，主要分为以下几个过程：

（1）网格划分的相关规划，即根据建模对象的几何外形、特征，进行必要的分块并画出每一块的草图（如果在 TrueGrid 中建模，此步可省略）；

（2）启动 TrueGrid，选择输出选项（如 AUTODYN、ANSYS、ABAQUS 等）；

（3）导入 IGES 文件，或直接在 TrueGrid 中建模；

（4）建立每个块体，使用 block 命令；

（5）删除不需要的区域，使用 de 命令；将一些区域移动到关键位置，使用 pb、pbs、tr 等命令；

（6）将块体交界面上的网格节点对齐，将块体的边界投影到曲线上；

（7）选择块体区域面投影到目标曲面上，再在需要的部位添加单元；

（8）选择节点在曲线上的分布方式，对某些面上的网格进行进一步的平滑和插值处理；

（9）对某些交线上的网格进行进一步的平滑和插值处理；

（10）定义加载材料和边界条件，使用 pb、pbs、tr 等命令；

（11）定义材料属性，选择模型分析选项；

（12）合并各个块体，捏合重叠节点，使用 merge、stp、bplot、plot、labels、co 等命令。

3.1.4 TrueGrid 中的基本概念

1. 物理网格和计算网格

物理网格位于几何空间，就是建立的网格模型；计算网格位于抽象空间，它只包含整数点。计算网格相当于物理网格的导航图，便于对物理网格进行操作。物理网格（即几何模型网格）可以在物理窗口中看到，计算网格可以在计算窗口中看到。

计算窗口如图 3-6 所示。在计算窗口中，三个方向的菜单条分别表示 I、J、K 方向，分别对应几何坐标系中 X、Y、Z 轴方向。

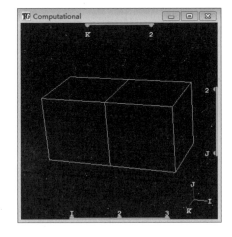

图 3-6　计算窗口

通过在计算窗口中选择 I、J 和 K 方向的索引，相当于在物理窗口中选择这些索引所对应的几何对象。如果在 I、J 和 K 三个菜单条中都选择了索引，则选择的对象为点，如图 3-7 所示；如果只选择了两个方向的索引，则选择的对象为线，如图 3-8 所示；如果只选择一个方向的索引，则选择的对象为面，如图 3-9 所示。

第 3 章　TrueGrid 软件应用基础

 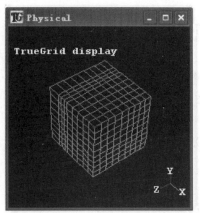

图 3-7　点的选择

 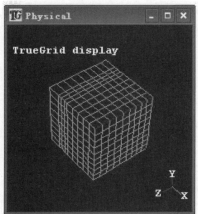

图 3-8　线的选择

 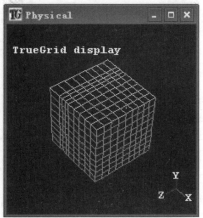

图 3-9　面的选择

2. 索引

索引（Index）是计算空间的实际坐标，每个网格节点都具有索引，在计算窗口中选择的也是 I、J 或 K 方向的索引。索引有简单索引、进阶索引、0 索引、负索引等。

（1）简单索引。简单索引一般在网格初始化时使用，同一个方向上相邻两个数字表示了区域内节点的数目。如使用命令"block 1 6 9 13 18；1 5；1 4 8；1 5 10 15 20；0 5；0 5 10；"，其所对应形成的网格如图 3-10 所示。

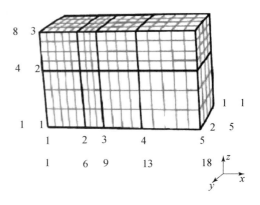

图 3-10 按命令生成网格

需要注意的是，在简单索引中虽然指定了"1 6 9 13 18"，但是索引序号还是"1 2 3 4 5"，即 6 处对应索引为 2，9 对应索引为 3，指定"6""9"这些数字只是为了指定间隔网格的个数。

（2）进阶索引。进阶索引不考虑具体节点数目，索引中的数字代表的是区域在整个部件中的位置。如图 3-11 中箭头所指的块区域（左上方），用进阶索引表示即为"1 2；1 2；2 3"。

（3）0 索引。0 索引实际上是为了打断进阶索引而设置的，即 0 索引之前与之后的索引不能连在一起而形成一个连续的区域。如图 3-12 所示，选择两个箭头所指的块区域（左上方区域和右上方区域，不要中间的区域），其可以用 0 索引表示为"1 2 0 4 5；1 2；2 3；"。

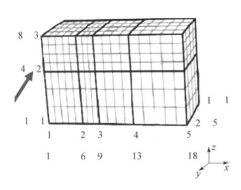

图 3-11 进阶索引

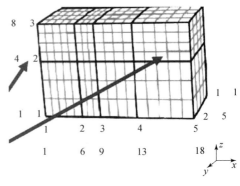

图 3-12 0 索引

（4）负索引。索引中负的数字表示一种退阶。如在 block 命令中使用负索引，则表示创建的这段索引区间不连续，如下命令：

```
block -1 5 9;-1 5 9;-1 5 9;-1 0 1;-1 0 1;-3 0 1;
```

其结果如图 3-13 所示。

图 3-13　负索引

3.1.5　基本操作

1. 文件保存

TrueGrid 的文件其实就是一个 TrueGrid 的命令流文件，每次启动时，它会提示打开一个数据文件。但是在 TrueGrid 中保存后，并不是将修改对象保存至打开的文件，每次启动 TrueGrid 时，默认它都会打开.tsave 文件（该文件位于 TrueGrid 安装目录下的 Examples 文件夹中，如 C：\TrueGrid\Examples），所以修改对象都将保存至.tsave 文件中，每次修改后，都需要将.tsave 文件备份一次。在下次启动 TrueGrid 时，它将重新写.tsave 文件，所以对于以前操作修改的命令，都将删除。

2. 保存文件

在 TrueGrid 的命令窗口中输入"save"命令即可保存 TrueGrid 文件。

3. 文件内容

对于 TrueGrid 默认打开的.tasve 文件及它支持的.tg 文件格式，其文件中的内容都为 TrueGrid 中的命令流，形式如下：

```
block 1 6 9 13 18;1 5;1 4 8;1 5 10 15 20;0 5;0 5 10;
c     0 OUTPUT FILE(S)WRITTEN
c     NORMAL TERMINATION
```

每次保存 TrueGrid 文件，它都会将 TrueGrid 中输入的命令保存至 .tsave 文件中。对于 TrueGrid 文件中的内容，在添加标注时，以字母 c 开头，若有多行标注文字，则应该用大括号。另外，Fortran 语言中的 if、elseif、else、endif 等语句都可以直接使用，对于这些命令，不区分大小写。

4. 文件输出

TrueGrid 支持多种数据输出格式，如 AUTODYN、ANSYS、ABAQUS 等，这些输出文件都是以命令流的形式来编写的，文件输出时的默认文件名为"trugrdo"。在输出文件前，要在 Control Phase 设置输出格式，通过 control 命令可以从其他阶段切换至 Control Phase。

单击"OUTPUT"按钮，如图 3-14 所示。

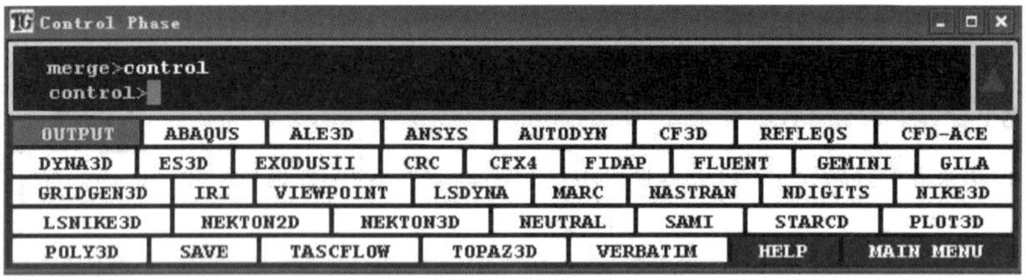

图 3-14 文件输出

然后在菜单命令窗口上选择输出的数据格式，如选择 AUTODYN，将出现如图 3-15 所示对话框。

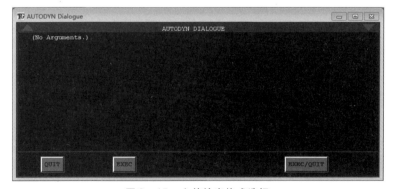

图 3-15 文件输出格式选择

直接单击"EXEC/QUIT"按钮，设置输出格式为 AUTODYN。然后，通过 merge 命令进入 Merge Phase，如图 3-16 所示。

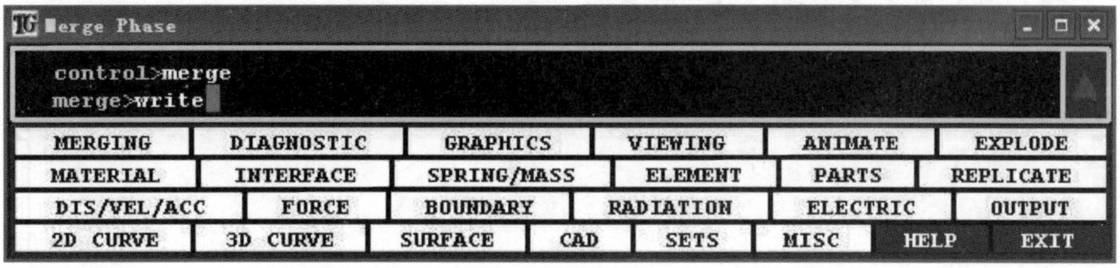

图 3-16 输出指定格式的文件

直接输入 write 命令，将文件输出为指定的格式。如果没有指定文件输出格式，在命令窗口中将出现如下提示：warning – no output option was specified。

输出文件后，打开 TrueGrid 安装目录下的 Examples 文件夹（如：\TrueGrid\Examples），文件 trugrdo 即为输出的指定文件格式。

5. 复制、粘贴命令

在 TrueGrid 的命令窗口中不能直接使用 Ctrl + C 组合键和 Ctrl + V 组合键进行复制和粘贴的操作。

如果复制命令窗口中的内容，首先用鼠标左键选中要复制的内容，如果为一行或多行内容，则按下鼠标左键，然后拖动至结尾，再按下鼠标中键（即按下鼠标滚轮），即完成复制操作。

如果要在命令窗口中粘贴内容，则直接在命令提示处按下鼠标中键即完成粘贴操作。

6. 命令提示

命令窗口中的提示主要有两种：一种是提示输出一个数字，另一种是提示输入一串字符串。如果直接为冒号（:），则表示输入一个数字，如图 3-17 所示；如果为右尖括号（>），则表示输入一串字符，如图 3-18 所示。

图 3-17 数字输入提示 　　　　图 3-18 字符输入提示

7. 快捷键

TrueGrid 提供了一些常用的快捷键，常用快捷键的功能如下：
F1：将选择区域输入对话框。

F2：清除选择。

F3：在文本窗口显示命令记录。

F4：锁定现有的窗口设置。

F5：选择网格的起始节点。

F6：选择网格的终止节点。

F7：提取选定节点的坐标。

F8：改变文本窗口或对话窗口的标签选取类型。

8. 其他

如果菜单目录不见了，在命令窗体中按 Enter 键即可出现。

3.2 TrueGrid 建模常用命令

3.2.1 二维曲线命令

这些命令用来定义或修改二维曲线。所有的二维曲线使用二维局部坐标系统，x 轴表示横坐标，z 轴表示纵坐标。二维曲线用途很广，比如许多曲面有一定的对称性，那么就可使用二维曲线建立它们。例如，许多曲面是轴对称的，那么就可以通过旋转二维曲线的方式来建立它们。在建立过程中，TrueGrid 沿着二维曲线局部坐标系统的 z 轴旋转。当然，可以通过一定的命令来改变 z 轴的指向。二维曲线所在的平面可以作为曲面的横截面，从第三个方向上拉伸出来，以建立拉伸的曲面。

1. ld 命令

功能：定义一个二维曲线。

语法：ld 2D_curve_# [curve arguments]；

其中，2D_curve_# 为定义曲线的序号；curve arguments 为线形，可以在二维曲线库中选择。

备注：使用这个命令可以将多个曲线连接在一起，从而建立复杂的曲线。"ld"命令是初始定义一个新的二维曲线，随后的曲线将连接在这条二维曲线上。一旦一条二维曲线产生了，那么以前的二维曲线将不能够再修改。在 TrueGrid 软件中，有许多类型的线形可以使用，从而可以通过组合使用产生复杂的曲线。

2. lcc 命令

功能：定义二维同心圆弧。

语法：lcc r z θ_{begin} θ_{end} $radius_1$ $radius_2$ $\cdots$ $radius_n$;

其中，r，z 为圆的中心坐标；θ_{begin} 为圆弧的起始角度；θ_{end} 为圆弧的结束角度；$radius_1$ 为圆弧的半径。

备注：TrueGrid 按照逐渐加一的方式设定各圆弧的序号。

样例：lcc 1 2 45 135 1 4 9 16 25 36;
生成的图形如图 3 – 19 所示。

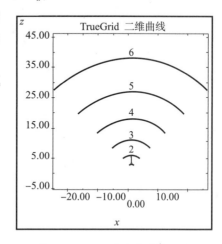

图 3 – 19　lcc 命令生成的图形

3. lrot 命令

功能：旋转一个已定义的二维曲线。

语法：lrot 2D_curve angle;

其中，2D_curve 为二维曲线的序号；angle 为旋转的角度。

备注：这个命令用来旋转一个已存在的二维曲线，当角度为正值时，表示逆时针旋转。

例如：

```
ld 1 lp2 1 0;
lap 3 -0.1 2 2;
lp2 5 -0.1 5 0.1 3 0.1;
lap 1 0.1 2 2.1;
lp2 1 0;
ld 2 lp2 1 0;
lap 3 -0.1 2 2;
lp2 5 -0.1 5 0.1 3 0.1;
lap 1 0.1 2 2.1;
lp2 1 0;
lrot 2 45;
```

生成的图形如图 3 – 20 所示。

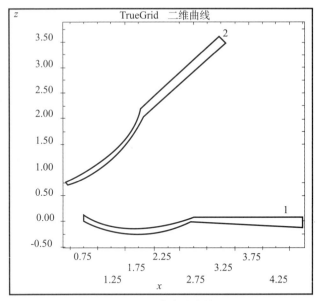

图 3-20 lrot 命令生成的图形

4. lsca 命令

功能：缩放一个已定义的二维曲线。

语法：lsca 2D_curve scale;

其中，2D_curve 为二维曲线的序号；scale 为缩放系数。

备注：TrueGrid 将曲线上的每个坐标乘以缩放系数。

5. lscx 命令

功能：缩放已定义二维曲线的第一个坐标。

语法：lscx 2D_curve x'_scale;

其中，2D_curve 为二维曲线的序号；x'_scale 为缩放系数。

备注：TrueGrid 将曲线上的 x 轴坐标分别乘以缩放系数。

6. lscz 命令

功能：缩放已定义二维曲线的第二个坐标。

备注：与命令"lscx"命令类似，将曲线上的 z 轴坐标分别乘以缩放系数。

7. lp2 命令

功能：通过成对的坐标建立或附加一个二维多边形曲线。

语法：lp2 x'_1 z'_1 x'_2 z'_2 $\cdots$ x'_n z'_n；

8. lq 命令

功能：通过 x 和 z 轴的坐标列表建立或附加一个二维多边形曲线。

语法：lq $x'_1 x'_2 \cdots x'_n$； $z'_1 z'_2 \cdots z'_n$；

9. lep 命令

功能：建立或附加椭圆形弧。

语法：lep $radius_1$ $radius_2$ x'_0 z'_0 θ_{begin} θ_{end} ϕ；

其中，$radius_1$ 为椭圆主半轴的长度；$radius_2$ 为椭圆副半轴的长度；x'_0 和 z'_0 为椭圆中心坐标；θ_{begin} 为椭圆弧的开始角度；θ_{end} 为椭圆弧的结束角度；ϕ 为椭圆主轴和 x 轴正方向之间的角度。

样例：ld 2 lep 3 1 1 1 -45 30 30；

生成的图形如图 3-21 所示。

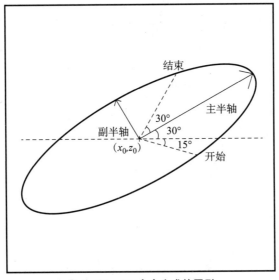

图 3-21　lep 命令生成的图形

10. lod 命令

功能：通过偏移的方式建立或附加一个二维曲线（create/append a 2D curve by normal offset）。

语法：lod curve offset；

其中，curve 为已建立的二维曲线的 ID 号；offset 为偏移的距离。

备注：偏移的正方向为从开始点指向结束点的左边。需要注意的是，如果已定义的曲线的结束点位于 z 轴上，那么 z 轴作为正方向，这样可使偏移曲线的结束点也在 z 轴上。

3.2.2 三维曲线命令

以下这些命令用来定义或修改三维曲线。

1. curd 命令

功能：定义一条三维曲线。

格式：curd 3d_curve_# type_of_curve curve_data_list；

其中，3d_curve_# 为三维曲线的编号；type_of_curve 为曲线的类型；curve_data_list 为所设定曲线的相关参数。

2. lp3 命令

功能：建立或添加多边形类型的线段。

语法：lp3 x1 y1 z1 … xn yn zn；trans；

其中，x1 y1 z1 … xn yn zn 为构成多边形线段端点的坐标值；trans 表示对生成的线段的变换。

样例：curd 1 lp3 1 1 0 2 3 0 5 3 0 8 1 0；；

生成的图形如图 3-22 所示。

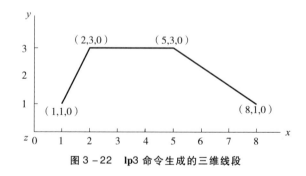

图 3-22　lp3 命令生成的三维线段

3. arc3 命令

功能：建立或添加一段圆弧。

语法：arc3 option system1 point1 system2 point2 system3 point3；

功能：该命令通过三点定义一条圆弧。

其中，option 定义建立的圆弧样式；system 和 point 分别为参考坐标系和相应的坐标值。表 3 – 1 列出了 arc3 命令的主要参数。

表 3 – 1 arc3 命令的主要参数

option	seqnc			cmplt			whole		
	三点确定的圆弧			三点确定圆弧的互补部分			三点确定的整个圆弧		
system	rt（笛卡尔坐标系）			sp（球坐标系）			cy（柱坐标系）		
point	x	y	z	rho	theta	phi	rho	theta	z

样例：curd 1 arc3 seqnc cy 3 0 0 cy 3 45 0 cy 3 135 0；

以上的 arc3 命令生成了如图 3 – 23 所示的圆弧，其采用柱坐标系，三点的坐标分别为（3，0，0）、（3，45，0）、（3，135，0）。

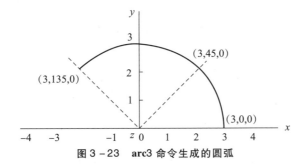

图 3 – 23 arc3 命令生成的圆弧

3.2.3 曲面命令

以下这些命令用来定义或修改曲面。

1. sd 命令

功能：sd 命令进行表面的定义。
语法：sd [name] surface_number surface_type surface_parameters；
sd 命令的参数、意义及参数要求见表 3 – 2。

表 3 – 2 sd 命令的参数、意义及参数要求

参数	name	surface_number	surface_type	surface_parameters
意义	表面的名称	表面的编号	表面类型	表面参数
参数要求	可有可无	正整数	根据需要选择	与表面类型有关

表面名称是可以自定义的,但是仍然需要对表面进行编号,编号为正整数。相同名的表面会自动地结合到一起形成一个混合表面,且冠以那个表面的名称。如果为表面设定名称,名称中必须有字母存在,但不能有空格。

由于一个表面只有唯一的名称,所以通过名称可以很方便地将多个表面结合形成一个混合表面。不管之前定义 mesh、block 或者 cylinder 用什么坐标系定义,所有的表面都是在笛卡尔坐标系中定义的。

sd 定义的表面是可以被其他命令如 sf、ms 和 ssf 使用的。通过 TrueGrid 软件,可以定义大量类型的表面,并可以通过 dsd 命令查看定义的表面。事实上,dsd 命令是查看 sd 命令定义的表面的唯一途径。

sd 命令定义的一些表面是无限大的,不能完全呈现,例如,平面、柱面、旋转抛物面、圆锥面和挤压出的二维曲线。在视图中,这些表面将只呈现有限的部分,并随着对象的变化而发生变化。当这些表面被显示在视图中时,可能会延伸得比较远一点。视图的调整将会对这些无限表面重新评价,以保证延伸的一致性,从而不会对使用造成影响。

sd 命令的优点是,只需定义一次就可以在很多 parts 的建立中多次使用,因此可以很快、很方便地改变模型。只需在同一个地方重新定义表面,TrueGrid 就会自动地在所有的 parts 中更新映射结果。

需要说明的是,sd 并不是唯一定义表面编号的方式,可以通过 TrueGrid 的 IGES 界面,从 CAD/CAM 系统中输入多个表面,这些表面通过 iges、igessd、nurbsd 和 igespd 命令分配表面编号。这些表面也可使用 lv、alv、rlv 和 dlv 命令,通过在 IGES 分界面继承的编号中进行选择。也可以通过使用 sdege 和 contour 命令,分别提取出边缘或轮廓线来创建三维曲线。

2. plan 命令

功能:定义无限大的平面。

语法:plan x0 y0 z0 xn yn zn;

plan 命令定义无限平面,是通过一个点和一个方向向量实现的,其中 (x_0, y_0, z_0) 表示无限平面经过的点,(x_n, y_n, z_n) 表示垂直于无限平面的方向向量。需要注意的是,plan 命令产生的是一个无限大的平面,视图中只会显示平面的一部分,其显示的部分随着视图上对象的改变而改变。

样例:sd 1 plan 2 0 0 1 0 0;

以上的 plan 命令定义过点 (2, 0, 0),法线方向为 (1, 0, 0) 的无限平面,如图 3-24 所示。

3. iplan 命令

功能：通过函数功能建立无限大的平面。

语法：iplan a b c d；

iplan 命令通过函数定义无限大的平面，平面上的点 (x, y, z) 必须满足公式 $ax+by+cz=d$。其中参数 a、b 和 c 不能全为零，否则不能定义平面。需要注意的是，无限平面在视图中只会显示表面的一部分，其显示的部分随着视图上对象的改变而改变。

样例：sd 1 iplan 2 -1 1 2；

以上的 iplan 命令通过公式 $2x-y+z=2$ 定义了一个无限平面，如图 3-25 所示。

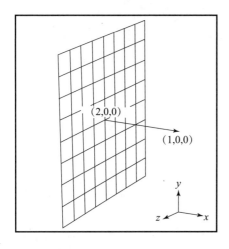

图 3-24 plan 命令生成的无限平面

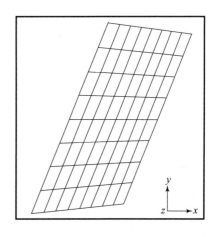

图 3-25 iplan 命令生成的无限平面

4. pl3 命令

功能：通过三点定义平面。

语法：pl3 system1 point1 system2 point2 system3 point3；

pl3 命令是根据三个点的坐标来定义一个无限平面的。其中 system 和 point 分别为某个坐标点所选择的坐标系和相应的坐标值，其意义见表 3-3。在笛卡尔坐标系中，点是由 (x, y, z) 坐标值决定的；在柱坐标中，点是由半径、角坐标和 z 坐标决定的；在球面坐标中，点是由半径、极角和方位角决定的。所有的角使用"度"为单位。需要注意的是，三个点可以采用不同的坐标系来定义，且三个点不能共线。

表3-3　pl3命令的主要参数

system	rt			sp			cy		
坐标系	笛卡尔坐标系			球坐标系			柱坐标系		
point	x	y	z	rho	theta	phi	rho	theta	z

样例：sd 1 pl3 rt 0 0 0 cy 1 85 0 rt 0 0 1；

以上的pl3命令通过点(0,0,0)、(1,85,0)、(0,0,1)定义了一个无限平面,如图3-26所示。其中,点(0,0,0)和点(0,0,1)是在笛卡尔坐标系中定义的,点(1,85,0)是在柱坐标系中定义的。

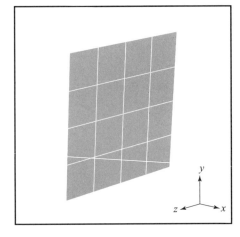

图3-26　pl3命令生成的无限平面

5. xyplan命令

功能：产生并变换一个无限大的xy平面。

语法：xyplan trans；

备注：xyplan命令定义$z=0$的无穷大的平面,并将其变换到期望的位置或姿态。

样例：sd 1 xyplan rx -15；

以上的xyplan命令,首先定义了一个过点(0,0,0),且平行于xy面的无限平面,然后将平面沿x轴旋转-15度,所得的平面如图3-27所示。

6. yzplan命令

功能：产生并变换一个无限大的yz平面。

语法：yzplan trans；

备注：yzplan命令定义$x=0$的无穷大的平面,并将其变换到期望的位置或姿态。

样例：sd 1 yzplan mx 1 rz 45；

以上的yzplan命令,首先定义了一个过点(0,0,0),且平行于yz面的无限平面,然后将平面沿x轴平移1个单位,最后沿z轴旋转45°,所得的平面如图3-28所示。

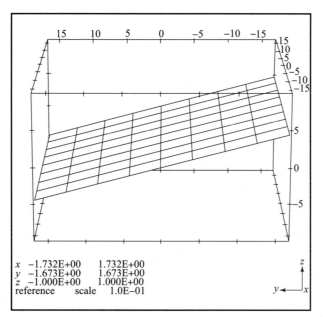

图 3-27　xyplan 命令生成的无限平面

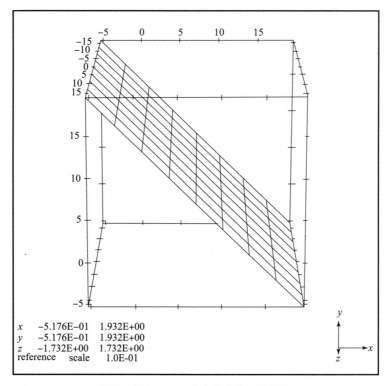

图 3-28　yzplan 命令生成的无限平面

7. zxplan 命令

功能：产生并变换一个无限大的 zx 平面。

语法：zxplan trans；

备注：zxplan 命令定义 $y=0$ 的无穷大的平面，并将其变换到期望的位置或姿态。

样例：sd 1 zxplan rx -15 mz -1；

以上的 zxplan 命令，首先定义了一个过点 (0, 0, 0)，且平行于 xz 面的无限平面，然后将平面沿 x 轴旋转 $-15°$，最后沿 z 轴平移 -1 个单位，所得的平面如图 3-29 所示。

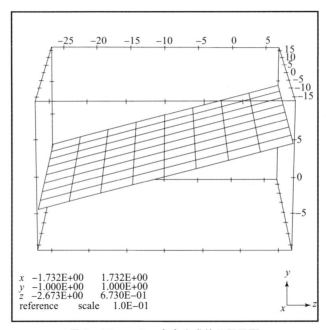

图 3-29　**zxplan** 命令生成的无限平面

需要注意的是，命令 xyplan、yzplan 和 zxplan 中对无限平面的平移或转动的顺序直接影响最终的结果。

样例：

```
sd 1 zxplan rx -45 mz -1;
sd 2 zxplan mz -1 rx -45;
```

以上两个定义无限平面的命令，将分别建立不同的平面，如图 3-30 所示。也就是说，对平面变换顺序的不同将产生不同的结果。

8. cy 命令

功能：定义无限大的圆柱面。

语法：cy x0 y0 z0 xn yn zn radius；

备注：这个命令用半径和两点定义的轴线来生成一个圆柱面。其中，(x_0，y_0，z_0）为圆柱轴上的一点；(x_n，y_n，z_n）为圆柱轴的方向矢量；radius 为圆柱的半径，圆柱的半径必须为正数。这个命令定义了一个无限长的圆柱面，视图中只会显示圆柱面的一部分，其显示的部分随着视图上对象的改变而改变。

样例：sd 1 cy 0 0 0 1 1 1 5；

以上的 cy 命令，建立了轴向为（1，1，1）、轴线过点（0，0，0），且半径为 5 的圆柱面，所得的圆柱面如图 3-31 所示。

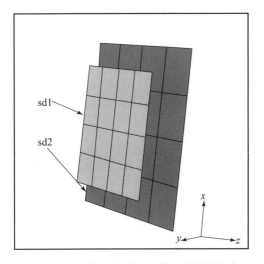

图 3-30 不同变换顺序对最终结果的影响

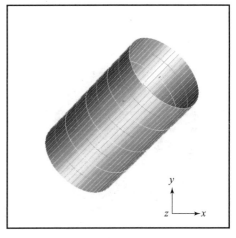

图 3-31 cy 命令生成的无限圆柱面

9. sp 命令

功能：定义一个球面。

语法：sp x0 y0 z0 radius；

备注：这个命令通过中心（x_0，y_0，z_0）和半径 radius 定义一个球面，半径值必须是正数。

样例：sd 1 sp 1 1 1 6；

以上的 sp 命令，建立了球心在点（1，1，1）、半径为 6 的球面，所得的球面如图 3-32 所示。

10. cone 命令

功能：定义无穷的圆锥，由半径和圆锥角度定义。

语法：cone x0 y0 z0 xn yn zn r θ;

备注：这个命令通过指定半径和锥角定义圆锥，这是一个无限大的圆锥面。由 (x_0, y_0, z_0) 和 (x_n, y_n, z_n) 定义圆锥面的对称轴，其中，对称轴过点 (x_0, y_0, z_0)，方向由向量 (x_n, y_n, z_n) 定义。底平面通过点 (x_0, y_0, z_0) 且垂直于对称轴，并与圆锥面相切形成一个圆，圆的半径必须是非负的。当 $r=0$ 时，点 (x_0, y_0, z_0) 是圆锥面的顶点。圆锥面是通过绕轴旋转而成的，这个锥角在 $-90°$ 和 $90°$ 之间，但不包括 $-90°$、$0°$ 和 $90°$。需要注意的是，用于表面投影的网格节点不能在对称轴上，否则无法进行网格映射。cone 命令生成的圆锥面如图 3-33 所示。

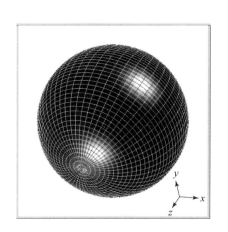

图 3-32 sp 命令生成的球面

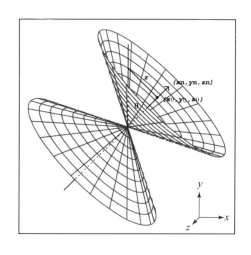

图 3-33 cone 命令生成的圆锥面

11. cr 命令

功能：通过绕轴旋转二维曲线建立表面。

语法：cr x0 y0 z0 xn yn zn ln;

备注：这个命令通过将二维曲线绕轴旋转而形成表面，旋转轴由 (x_0, y_0, z_0) 和 (x_n, y_n, z_n) 给出，其中旋转轴过点 (x_0, y_0, z_0)，方向由向量 (x_n, y_n, z_n) 定义，ln 为二维曲线的序号。需要注意的是，在使用 cr 命令之前，应首先对二维曲线定义。另外，用于表面投影的网格节点不能在对称轴上，否则无法进行网格映射。

样例：

```
ld 1 lp 20 0 1 1 2 1.5;
sd 1 cr 0 0 0 0 1 0 1;
```

以上的 cr 命令，建立了一个通过绕轴旋转二维曲线而成的表面，如图 3 – 34 所示。

12. crx 命令

功能：通过绕 x 轴旋转二维曲线建立表面。

语法：crx ln；

其中，ln 为二维曲线的序号。

备注：二维曲线应该在提供给此命令之前定义好。需要注意

图 3 – 34 cr 命令旋转二维曲线生成的表面

的是，用于表面投影的网格节点不能在对称轴上，否则无法进行网格映射。

13. cry 命令

功能：通过绕 y 轴旋转二维曲线建立表面。

语法：cry ln；

其中，ln 为二维曲线的序号。

备注：二维曲线应该在提供给此命令之前定义好。需要注意的是，用于表面投影的网格节点不能在对称轴上，否则无法进行网格映射。

14. crz 命令

功能：通过绕 z 轴旋转二维曲线建立表面。

语法：crz ln；

其中，ln 为二维曲线的序号。

备注：二维曲线应该在提供给此命令之前定义好。需要注意的是，用于表面投影的网格节点不能在对称轴上，否则无法进行网格映射。

15. r3dc 命令

功能：通过三维曲线绕轴旋转生成曲面。

语法：r3dc x0 y0 z0 xn yn zn 3D_curve begin_angle end_angle trans；

其中，(x_0, y_0, z_0) 为旋转轴上的一点，(x_n, y_n, z_n) 为旋转轴的方向矢量，3D_curve 为旋转的三维曲线（即母线），begin_angle 和 end_angle 分别为旋转的开始角度和结束角度，trans 为可选择的变换。

备注：这个命令通过母线、旋转轴、初始角及结束角等参数形成旋转表面。轴由点 (x_0, y_0, z_0) 和点 (x_n, y_n, z_n) 形成的方向向量给出。这个曲面是由母线绕着转轴从初始角至结束角旋转而形成的。对于母线上的点，围绕转轴中心形成了圆，垂直于旋转轴。圆弧部分的角度通过从初始角至结束角逆时针测得。

3.2.4 网格命令

以下这些命令主要用来定义或修改网格模型。

1. block 命令

功能：初始化建立一个长方体网格 part(initialize a brick – shaped part)。

block 命令建立的长方体网格，是通过一系列的 i 方向索引和 x 轴坐标、一系列的 j 方向索引和 y 轴坐标、一系列的 k 方向索引和 z 轴坐标定义出来的。block 命令的参数包括 6 部分，如图 3 – 35 所示，其中，第 1 部分和第 4 部分相对应，第 2 部分和第 5 部分相对应，第 3 部分和第 6 部分相对应。第 1、2、3 部分参数分别为关键网格在 x、y、z 轴方向的序列号，要求均为整数，其绝对值为对应方向的网格节点序列号，这三部分的参数值均从"1"或"-1"开始，且每一部分后面参数的绝对值一定要大于前面的参数。当参数值为正值时，表示建立的网格为实体；为负值时，表示建立的网格为壳。第 4、5、6 部分的参数分别为第 1、2、3 部分对应的网格节点的坐标值，可以为实数。

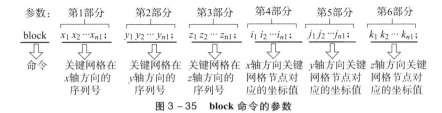

图 3 – 35 block 命令的参数

例如，命令"block 1 2 5；1 2；1 5；0 1 2；0 1；0 2；"，将生成如图 3 – 36 所示的网格。在 x 轴方向，共有 5 个网格节点，其中第 1、2、5 个网格节点为关键网格节点，由 block 命令中的第 1 部分参数控制，这些节点与 Computational 窗口中的 i 方向的索引相对应。在 y 轴方向，共有 2 个网格节点，其中第 1、2 个网格节点均为关键网格节点，由 block 命令中的第 2 部分参数控制，这些节点与 Computational 窗口中的 j 方向的索引相对应。在 z 轴方向，共有 5 个网格节点，其中第 1、5 个网格节点均为关键网格节点，由 block 命令中的第 3 部分参数控制，这些节点与 Computational 窗口中的 k 方向的索引相对应。

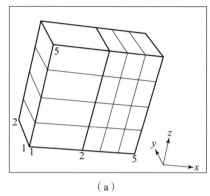 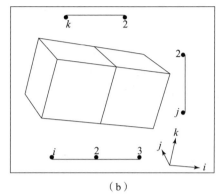

（a）　　　　　　　　　　　　　　（b）

图 3-36　block 命令生成的网格在不同窗口的显示（1）

（a）Physical 窗口；（b）Computational 窗口

例如，将第 1 部分参数的第 1 个参数值由"1"改为"-1"，即命令"block -1 2 5；1 2；1 5；0 1 2；0 1；0 2；"将生成如图 3-37 所示的网格，表明负值生成的网格为壳单元。

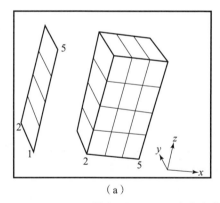 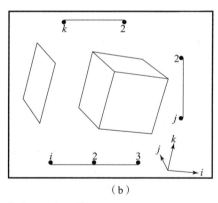

（a）　　　　　　　　　　　　　　（b）

图 3-37　block 命令生成的网格在不同窗口的显示（2）

（a）Physical 窗口；（b）Computational 窗口

2. cylinder 命令

功能：初始化建立一个圆柱体网格 part（initialize a cylindrical part）。

cylinder 命令建立的圆柱体网格，是通过一系列的 i 方向索引和半径方向坐标、一系列的 j 方向索引和圆柱周向坐标、一系列的 k 方向索引和 z 轴坐标定义出来的。cylinder命令的参数包括6部分，如图3-38所示，其中，第1部分和第4部分相对应，第2部分和第5部分相对应，第3部分和第6部分相对应。第1、2、3部分参数分别为关键网格在圆柱半径方向、圆柱周向、z轴方向的序列号，要求均为整数，其绝对值为对应方向的网格节点序列号，这三部分的参数值均从"1"或"-1"开始，且每一部分后面参数的绝对值一定要大于前面的参数。当参数值为正值时，表示建立的网格为实体；为负值时，表示建立的网格为壳。第4、5、6部分的参数分别为第1、2、3部分对应的网格节点的坐标值，可以为实数。

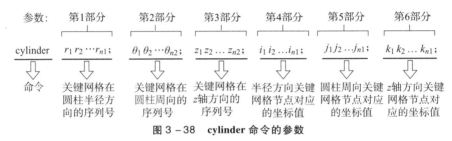

图3-38 cylinder命令的参数

例如，命令"cylinder 1 3; 1 10; 1 5; 1 2; 0 180; 0 2;"将生成如图3-39所示的网格。在圆柱半径方向，共有3个网格节点，其中，第1、3个网格节点为关键网格节点，由cylinder命令中的第1部分参数控制，这些节点与Computational窗口中的i方向的索引相对应。在圆柱周向，共有10个网格节点，其中，第1、10个网格节点为关键网格节点，由cylinder命令中的第2部分参数控制，这些节点与Computational窗口中的j方向的索引相对应。在z轴方向，共有5个网格节点，其中，第1、5个网格节点为关键网格节点，由block命令中的第3部分参数控制，这些节点与Computational窗口中的k方向的索引相对应。

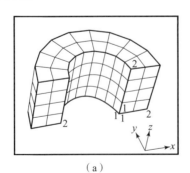
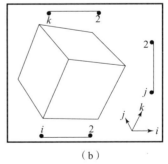

(a) (b)

图3-39 cylinder命令生成的网格在不同窗口的显示

(a) Physical窗口；(b) Computational窗口

需要注意的是,在圆柱周向的坐标值是以"度"为单位的,即整个圆周为360度。

3. de 命令

功能:删除零件的某一个区域(delete a region of the part)。

语法:de region;

备注:删除某个区域时,选定区域内的二维或者三维单元将变为未定义形式。TrueGrid 将不能对这些未定义的区域实时操作,也就是说,这些区域中的单元将不会出现在 graphics phase、merging phase,或者任何输出过程中,即经 de 命令删除的区域,在生成 AUTODYN 所需的网格文件时,将被忽略掉。

例如:

```
block 1 2 5;1 2 4;1 5;0 1 2;0 1 2;0 2;
de 1 1 1 2 2 2;
```

de 命令有 6 个参数,前 3 个参数为第 1 个网格节点分别在 i、j、k 方向(分别对应 x、y、z 轴方向)的索引,后 3 个参数为第 2 个网格节点分别在 i、j、k 方向(分别对应 x、y、z 轴方向)的索引。de 命令通过关键网格点的索引(1 1 1)和(2 2 2),实现了部分网格的删除,如图 3-40 所示。

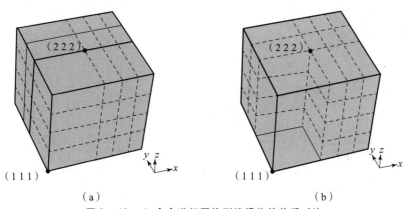

图 3-40 de 命令进行网格删除操作的前后对比
(a)网络删除前;(b)网络删除后

如果是删除实体区域,将会把选定区域边界内的所有三维网格单元移除。但是,TrueGrid 会保留所有剩下的三维网格单元中共享的节点和边界。

如果是删除壳体区域,将会把选定区域边界内的所有二维壳体单元移除。但是,TrueGrid 会保留所有剩下的二维壳体单元中共享的节点和边界。

典型的例子是用 block 命令定义多个网格区域,然后再用 de 命令删除这些区域的一部分。但是,在没有定义之前,不能进行删除区域操作。

4. dei 命令

功能:删除零件的某几个区域(delete region of the part)。

语法:dei progression;

备注:功能与之前的"de"命令类似。一般地,在一个命令后面加"i"说明命令的作用对象由区域(region)变成索引系列(index progression)。

例如:

```
block 1 2 5 7;1 2 4;1 4 6;0 2 5 7;0 2 4;0 2 4;
dei 1 2 0 3 4;2 3;2 3;
```

dei 命令通过索引系列,可以同时删除多个网格区域,如图 3-41 所示。

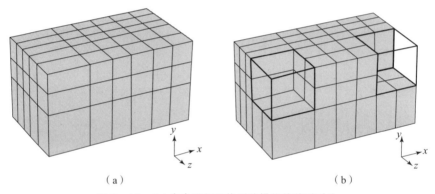

图 3-41 dei 命令进行网格删除操作的前后对比
(a)网络删除前;(b)网络删除后

5. insprt 命令

功能:在存在的零件中插入一个分隔(insert a partition into the existing part)。

语法:insprt sign type index elements;

insprt 命令共 4 个参数,分别定义了网格类型、插入索引的方向、插入的位置和网格数目等,见表 3-4。sign 定义网格类型,sign 对于实体为 1,对于壳体为 -1。type 定义了索引插入的方向,可以是 1~6 的整数,其中,1 表示 i 索引的低值方向;2 表示 i 索引的高值方向;3 表示 j 索引的低值方向;4 表示 j 索引的高值方向;5 表示 k 索引的低值方向;6 表示 k 索引的高值方向。index

定义了插入索引时的参考索引，参数值必须为正整数，且不能超过插入方向的最高索引。elements 定义了插入索引与参考索引之间的网格数量，必须为正整数，并且要低于相对区域内网格单元数。

表 3 – 4 insprt 命令的参数值及意义

	参数	1	-1	—	—	—	—
sign	网格类型	实体网格	壳体网格	—	—	—	—
type	参数	1	2	3	4	5	6
	插入方向	i 低值方向	i 高值方向	j 低值方向	j 高值方向	k 低值方向	k 高值方向
index	参数	$1 \sim n_1$	$1 \sim n_2$	$1 \sim n_3$	—	—	—
	参考索引	i 方向参考索引	k 方向参考索引	j 方向参考索引	—	—	—
elements	参数	正整数	—	—	—	—	—
	网格数目	网格单元数	—	—	—	—	—

备注：这个命令能通过增加一个新的分隔进行拓扑块的修改，正如增加另外一个正整数到 block 或者 cylinder 命令一样，它可增加网格的索引。当在已有的网格区域中加入新的分隔时，新的顶点位置保持在旧的顶点位置不变。当加入的分隔是在第一个分隔的低方向或者是最后一个分隔的高方向时，新的顶点将在各自相对应的第一或者最后一个位置建立。事实上，插入新的内部分隔后，网格仅有一个细微的变化，即在网格中将产生新的自由度。

样例：在 block 网格中间插入一个分隔。

```
block 1 5 9 13;1 2 3 4;1 3 5 7 9;1 3 5 7;0 0.7 1.4 2.1;1 3 5 7 9;
insprt 1 1 3 2;
```

新的分隔将插入 i – index 3 的低值方向（左边），如图 3 – 42 所示。

样例：在 block 网格 i 索引方向的开头处插入分隔。

```
block 1 5 9 13;1 2 3 4;1 3 5 7 9;1 3 5 7;0 0.7 1.4 2.1;1 3 5 7 9;
insprt 1 1 1 2
pb 1 1 1 1 4 5 x -2
```

新的分隔将在 i 方向上，被插入 i 索引方向第 1 个索引的低值方向（左边），并与参考索引保持 2 个网格单元。pb 命令将区域（1 1 1 1 4 5）沿 x 方向移动到 -2 的位置，从而使新建立网格区域可见，如图 3 – 43 所示。

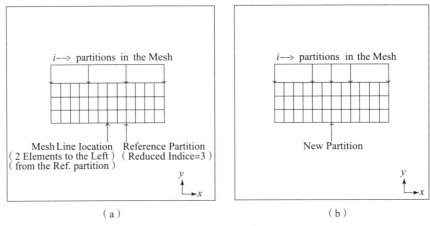

图 3-42　Insprt 命令效果

（a）插入前；（b）插入后

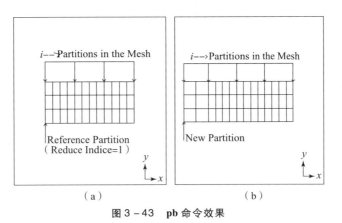

图 3-43　pb 命令效果

（a）插入前；（b）插入后

样例：在 block 网格 I 索引方向的结尾处插入分隔。

```
block 1 5 9 13;1 2 3 4;1 3 5 7 9;1 3 5 7;0 0.7 1.4 2.1;1 3 5 7 9;
insprt 1 2 4 2
pb 5 1 1 5 4 5 x10
```

新的分隔将在 i 方向上，被插入 i 索引方向第 4 个索引的高值方向（右边），并与参考索引保持 2 个网格单元。pb 命令将区域（5 1 1 5 4 5）沿 x 方向移动到 10 的位置，从而使新建立网格区域可见，如图 3-44 所示。

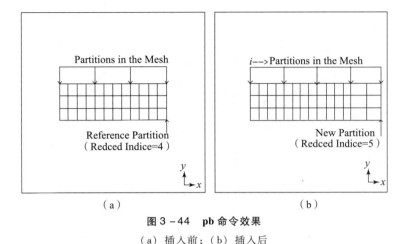

图 3-44 pb 命令效果
（a）插入前；（b）插入后

6. mseq 命令

功能：改变零件中初始网格单元的个数（change the number of elements in the part）。

语法：mseq direction d1 d2…dn；

其中，direction 的参数为 i、j 或 k，表示网格单元数量改变的方向；d1 d2…dn 分别对应此方向上的一个区域，它的值表示对应区域网格数量的变化量。

备注：这个命令在最初 part 比较粗糙时是十分有用的。将网格与几何体映射完毕后，可以使用这个命令调节节点数，以建立所需的网格密度，这种方法可以使网格结构确定的过程计算量最小。在使用 update 命令之后或者赋值等式（x = , y = , z = , t1 = , t2 = , t3 =）之后，不要使用此命令，否则会使 mseq 命令失去作用。

样例：block 1 3 5 7；1 3；1 6 8 13 15；1 3 5 7；1 3；1 3 5 7 9；

在 z 方向上有 4 个区域。接下来使用 mseq 命令：

```
mseq k 2 0 -1 4
```

网格的变化如图 3-45 所示。

那么，k 方向各区域内的网格数量将会被修改。第一区域将会增加两个网格单元，第二区域不会改变，第三区域将会减少一个网格单元，而最后的区域会增加四个网格单元。

这与下面单个 block 命令有相同的效果。

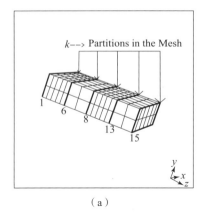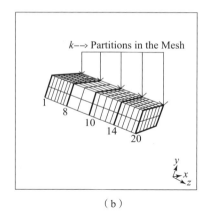

图 3-45 mseq 命令产生的效果
（a）网格细化前；（b）网格细化后

```
block 1 3 5 7;1 3;1 8 10 14 20;1 3 5 7;1 3;1 3 5 7 9;
```

7. mb 命令

功能：在网格插值和映射之前移动关键节点（translates vertices before interpolations or projections）。

语法：mb region coordinate_ID offset；

mb 命令的关键参数见表 3-5。

表 3-5 mb 命令的关键参数

偏移方向	coordinate_ID	offset（偏移量）		
x 方向	x	x_offset	—	—
y 方向	y	y_offset	—	—
z 方向	z	z_offset	—	—
x 和 y 方向	xy	x_offset	y_offset	
x 和 z 方向	xz	x_offset	z_offset	
y 和 z 方向	yz	y_offset	z_offset	
x、y 和 z 方向	xyz	x_offset	y_offset	z_offset

其中，偏移量的格式依靠所使用的坐标系统。

备注：TrueGrid 会对指定区域的所有网格节点的坐标实施偏移操作。

样例：block 1 5 9 13；1 5；1 5；1 2 3 4；1 2；1 2；

以上 block 命令生成了初始网格模型，如图 3-46 所示。

第 3 章 TrueGrid 软件应用基础

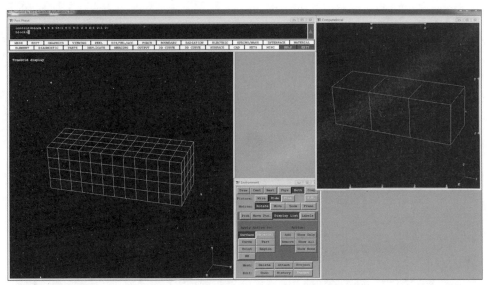

图 3-46 block 命令生成的初始网格模型

```
mb 2 1 1 3 2 2 y 1;
```

mb 对网格模型的关键节点进行了偏移操作,产生的效果如图 3-47 所示。索引序列号(2 1 1)和(3 2 2)定义了偏移操作作用的区域,y 表示偏移的方向,"1"表示偏移的数量,正数表示沿正方向偏移,负数表示沿负方向偏移。

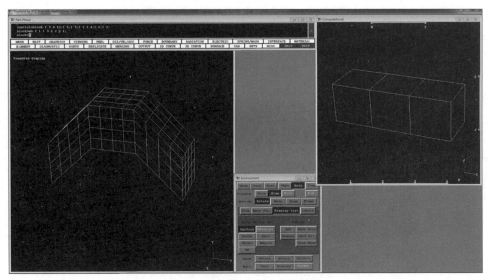

图 3-47 mb 命令产生的效果

8. mbi 命令

功能：在网格插值和映射之前移动关键节点。

语法：mbi progression coordinate_ID offset;

备注：这个命令与 mb 命令相似，不同点在于对要偏移区域的表示方法。

样例：block 1 5 9 13；1 5；1 5；1 2 3 4；1 2；1 2;

以上 block 命令生成的初始网格模型如图 3-48 所示。

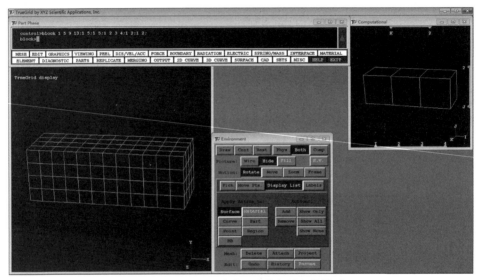

图 3-48 block 命令生成的初始网格模型

```
mbi 2 3;1 2;1 2;y 1;
```

mbi 命令对网格产生的修改效果如图 3-49 所示。

9. pb 命令

功能：为设定网格区域内的所有节点设置新的坐标值（assigns coordinate values to a region's vertices）。

语法：pb region coordinate_ID coordinates;

pb 命令的关键参数见表 3-6。

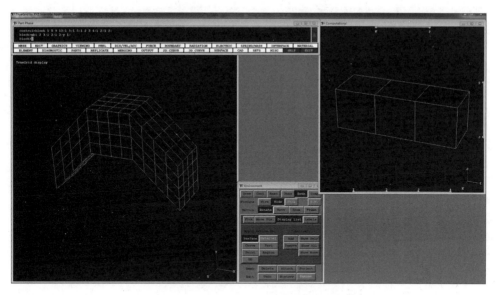

图 3-49 mbi 命令对网格产生的修改效果

表 3-6 pb 命令的关键参数

修改坐标的方向	coordinate_ID	coordinates（新的坐标值）		
x 方向	x	x_coordinate	—	—
y 方向	y	y_coordinate	—	—
z 方向	z	z_coordinate	—	—
x 和 y 方向	xy	x_coordinate	y_coordinate	—
x 和 z 方向	xz	x_coordinate	z_coordinate	—
y 和 z 方向	yz	y_coordinate	z_coordinate	—
x、y 和 z 方向	xyz	x_coordinate	y_coordinate	z_coordinate

备注：pb 命令会对指定区域的所有节点的坐标进行设定。

样例：block 1 5；1 5；1 5；1 2；1 2；1 2；

block 命令生成的初始网格如图 3-50 所示。

```
pb 1 1 2 2 1 2 z 2.5；
```

pb 命令对选定网格区域内的所有节点的 z 轴坐标进行了修改，其中选定区域为索引序列号（1 1 2）和（2 1 2）定义的区域，为一条线段。pb 命令将这条线段上的所有网格节点的坐标修改为 2.5，如图 3-51 所示。

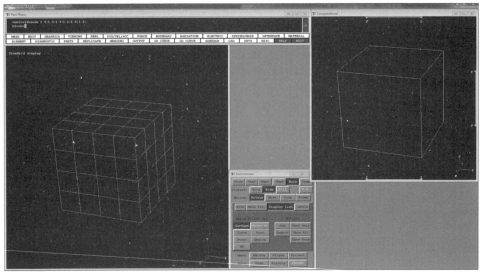

图 3-50 block 命令生成的初始网格

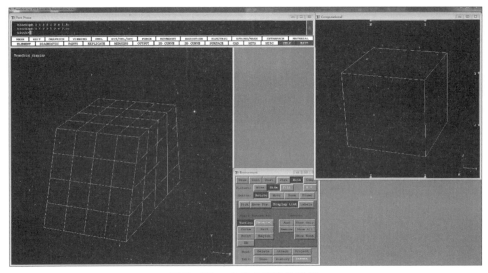

图 3-51 pb 命令产生的效果

10. tr 命令

功能：进行网格区域变换（transform a region of the mesh）。

语法：tr region trans;

其中，转换按照以下参数的顺序，从左到右执行。

```
mx x_offset
my y_offset
mz z_offset
v x_offset y_offset z_offset
rx theta
ry theta
rz theta
raxis angle x0 y0 z0 xn yn zn
rxy
ryz
rzx
tf origin x-axis y-axis
ftf 1st_origin 1st_x-axis 1st_y-axis 2nd_origin 2nd_x-axis 2nd_y-axis
inv
csca scale_factor
xsca scale_factor
ysca scale_factor
zsca scale_factor
```

备注：在插值、映射、平滑功能执行之前，使用这个命令变换网格区域。所有操作是基于笛卡尔坐标系的。除此之外，还有其他的命令也是在插值、映射、平滑功能执行之前使用的，例如 pb、mb、mbi 等命令。为了便于网格面映射到指定的表面，在初始化网格位置时使用这些命令。在一些情况下，这些命令足以产生想要的网格模型。

样例：block 1 5 9；1 5；1 5；0 1 2；0 1；0 1；

block 命令生成的初始网格如图 3-52 所示。

```
tr 1 1 1 1 2 2 rz 45；
```

tr 命令将由索引序列号（1 1 1）和（1 2 2）定义的区域，以 z 轴为旋转轴，沿轴正方向逆时针旋转 45 度，产生的效果如图 3-53 所示。

11. tri 命令

功能：进行多个网格区域变换。

语法：tri progression trans；

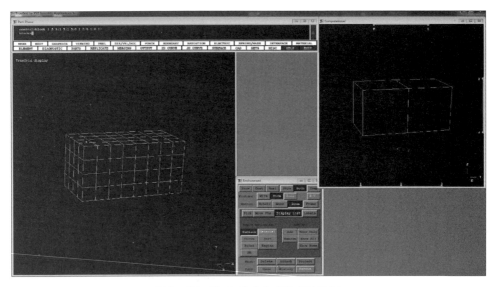

图 3-52 block 命令生成的初始网格

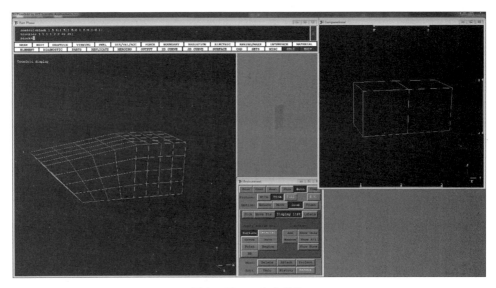

图 3-53 tr 命令效果

其中,参数的使用与 tr 命令类似。

备注:这个命令等价于多个 tr 命令的使用。

12. ma 命令

功能:在网格插值和映射之前移动单个关键节点。

语法：ma point coordinate_ID offset;
备注：在指定的坐标方向，对网格关键节点进行偏移操作。
样例：block 1 5 9；1 5；1 5；1 2 3；1 2；1 2；
block 命令生成的初始网格如图 3-54 所示。

```
ma 1 1 1 x -1;
```

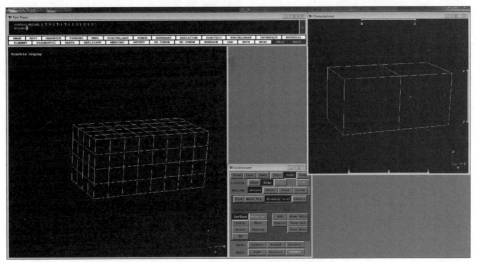

图 3-54　block 命令生成的初始网格

ma 命令将由索引序列号（1 1 1）定义的网格关键节点，沿 x 轴负方向移动 1。产生的新网格如图 3-55 所示。

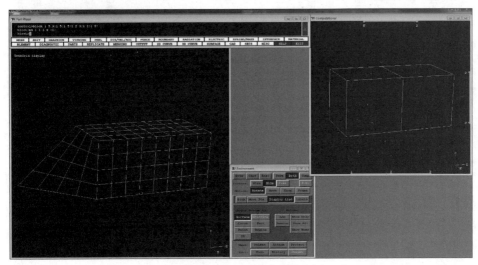

图 3-55　ma 命令效果

13. pa 命令

功能：为网格关键节点设置新的坐标值（assigns coordinate values to a vertex）。

语法：pa point coordinate_ID coordinate；

pa 命令的关键参数见表 3-7。

表 3-7 pa 命令的关键参数

修改坐标的方向	coordinate_ID	coordinates（新的坐标值）		
x 方向	x	x_coordinate	—	—
y 方向	y	y_coordinate	—	—
z 方向	z	z_coordinate	—	—
x 和 y 方向	xy	x_coordinate	y_coordinate	—
x 和 z 方向	xz	x_coordinate	z_coordinate	—
y 和 z 方向	yz	y_coordinate	z_coordinate	—
x、y 和 z 方向	xyz	x_coordinate	y_coordinate	z_coordinate

备注：这个命令给网格关键节点设置坐标值，即移动节点。

样例：block 1 5 9；1 5；1 5；1 2 3；1 2；1 2；

block 命令生成的初始网格如图 3-56 所示。

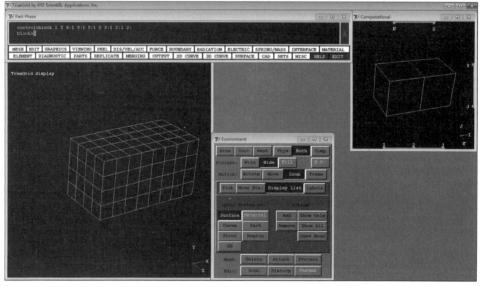

图 3-56 block 命令生成的初始网格

```
pa 1 1 1 xyz 0 1 1;
```

pa 命令将由索引序列号（1 1 1）定义的网格关键节点，移动到坐标为（0，1，1）的位置，产生的新网格，如图 3-57 所示。

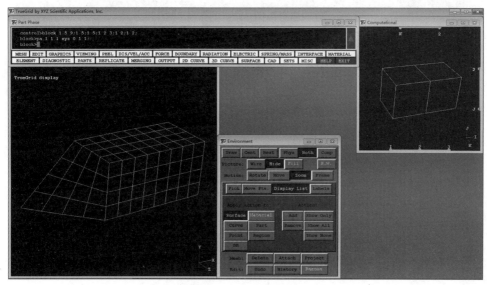

图 3-57　pa 命令效果

14. cur 命令

功能：将网格模型的边线映射到三维曲线上（distribute edge nodes along a 3D curve）。

语法：cur region curve

其中，curve 为已定义的三维曲线的 ID 号。

备注：网格模型的边线映射到三维曲线上，是在网格初始化之后进行的，这个命令不改变网格的数量，而只改变网格的形状，以建立所需形状的网格模型。进行映射时，网格模型边线的两个端点被映射到三维曲线上，且保证距离最近。位于网格模型边线端点之间的其他节点，将沿着曲线插值在曲线上。需要注意的是，三维曲线可以是闭合的。

样例：block 1 5；1 5；-1；-1 1；-1 1；0；

block 命令生成的网格模型如图 3-58 所示。

```
curd 1 arc3 whole rt 1.5 0 0 rt 0 1.5 0 rt -1.5 0 0;
```

■ 战斗部爆炸毁伤数值仿真技术

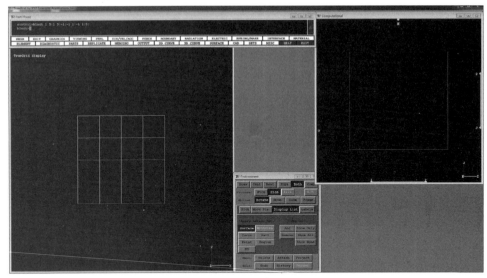

图 3-58 block 命令生成的网格模型

curd 命令建立了辅助线 1——3D 曲线,其过三点,笛卡尔坐标系下三点坐标分别为 (1.5, 0, 0)、(0, 1.5, 0) 和 (-1.5, 0, 0),如图 3-59 所示。

```
cur 1 2 1 2 2 1 1;
```

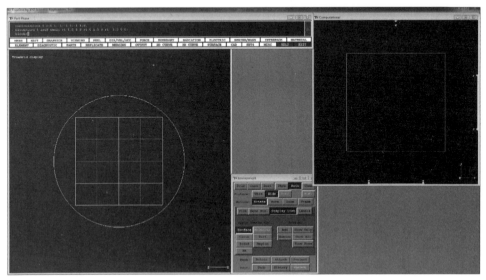

图 3-59 curd 命令建立的辅助线

cur 命令进行曲线的投影操作——将索引序列号(1 2 1)和(2 2 1)确定

的网格直线映射到辅助线 1 上，生成的新的网格如图 3－60 所示。

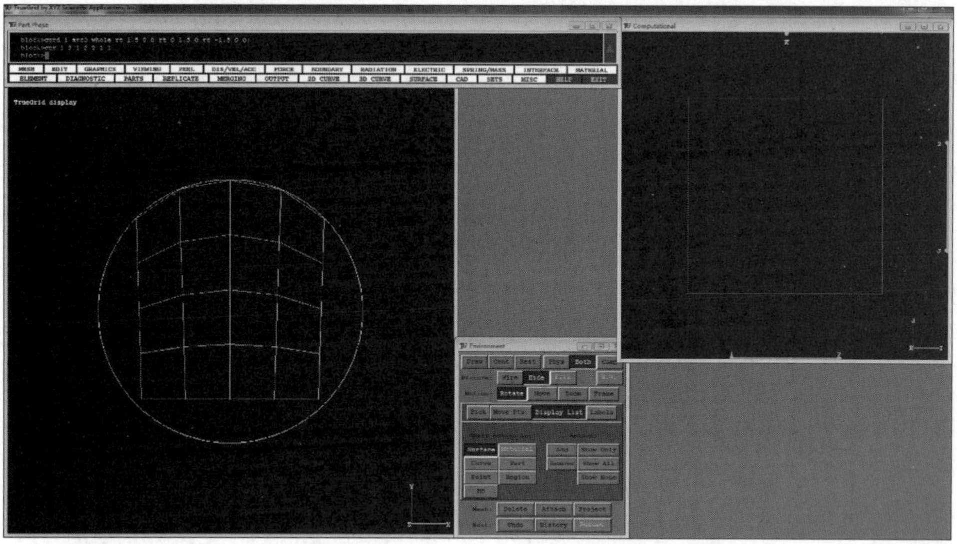

图 3－60　cur 命令进行网格线的映射

15. curf 命令

功能：在三维曲线上分配和固定节点（distribute and freeze nodes along a 3D curve）。

语法：curf region curve；

其中，curve 为已定义的三维曲线的 ID 号。

备注：除了边缘节点位置被固定以外，此命令与 cur 命令相似。后续的映射、插值和松弛操作不会对放置在曲线上的节点产生影响。

16. cure 命令

功能：在整条三维曲线上分配节点（distribute nodes along an entire 3D curve）。

语法：cure region curve；

其中，curve 为已定义的三维曲线的 ID 号。

备注：cure 命令首先将第一和最后的边缘节点放置到指定的三维曲线的两端点上，然后沿着三维曲线分配其余网格节点，正如 cur 命令。除了封闭的三维曲线不能应用此命令外，网格的边缘将覆盖到整个曲线上。

样例：

```
block 1 8;1 8;-1;-1 1;-1 1;0;
curd 1 arc3seqnc rt 1.5 0 0 rt 0 1.5 0 rt -1.5 0 0;
cure 1 2 1 2 2 1 1;
```

以上命令流产生的网格模型如图 3-61 所示。

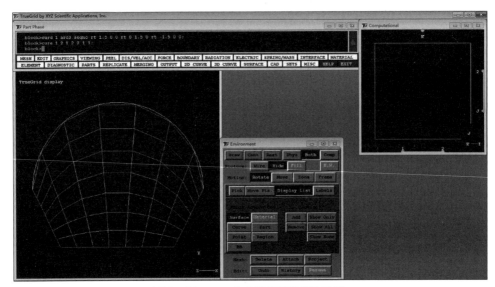

图 3-61　cure 命令进行网格线的映射

17. curs 命令

功能：在整条三维曲线上独立地映射节点（independently distribute nodes along an entire 3D curve）。

语法：curs region curve；

其中，curve 为已定义的三维曲线的 ID 号。

备注：curs 命令与 cur 命令类似，都是将网格的边线映射到三维曲线上，但不同点在于，curs 命令对网格边线上的每个关键节点分别进行映射，而 cur 命令仅对网格边线的两个端点进行映射，其余节点的位置通过插值确定。

curs 命令和 cur 命令的区别见以下样例：

```
block 1 6 11;1 8;-1;-1 0 1;-1 1;0;
curd 1 arc3 whole rt2.5 0 0 rt 0.5 2 0 rt -1.5 0 0;
```

以上命令流产生的初始网格模型及对应的 TG 计算模型如图 3-62 所示。

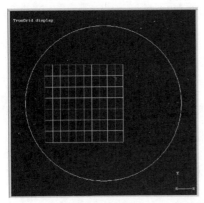
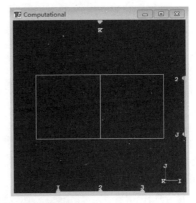

图 3-62 初始网格模型及计算模型

然后进行网格的映射,命令"cur 1 2 1 3 2 1 1;"和命令"curs 1 2 1 3 2 1 1;"映射的网格模型分别如图 3-63(a)和图 3-63(b)所示。

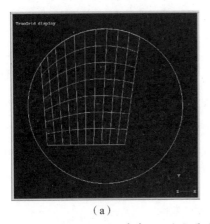
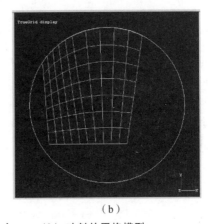

(a) (b)

图 3-63 命令 cur(a)和命令 curs(b)映射的网格模型

命令"curs 1 2 1 3 2 1 1;"产生的效果与两个命令"cur 1 2 1 2 2 1 1;"和"cur 2 2 1 3 2 1 1;"共同产生的效果相同。

18. sf 命令

功能:投影一个区域到指定类型的表面上(project a region onto a surface of specified type)。

语法:sf region surface_type surface_parameters;

其中,surface_type 和 surface_parameters 可以是:

sd sd;(已定义的表面)

sds sd1 sd2…sdn;(合并的几个表面)

cn2p x0 y0 z0 xn yn zn r1 t1 r2 t2（圆锥面）
con3 x0 y0 z0 xn yn zn rθ（圆锥面）
cy x0 y0 z0 xn yn zn radius（圆柱面）
er x0 y0 z0 xn yn zn r1 r2（椭圆面）
iplan a b c d（用隐函数定义的面）
plan x0 y0 z0 xn yn zn（平面）
pl3 system x1 y1 z1 system x2 y2 z2 system x3 y3 z3（平面）
pr x0 y0 z0 xn yn zn r1 t1 r2 t2 r3 t3（抛物线面）
sp x0 y0 z0 radius（球面）
ts x0 y0 z0 xn yn zn r1 t r2（圆环面）
crx line_#（平面曲线绕 x 轴旋转形成的面）
cry line_#（平面曲线绕 y 轴旋转形成的面）
crz line_#（平面曲线绕 z 轴旋转形成的面）
cr x0 y0 z0 xn yn zn line_#（平面曲线绕设定轴旋转形成的面）
cp line_# transform；（平面曲线在第三维上拉伸所形成的面）

备注：最常见的使用方式是和 sd 命令一起使用。通过这个命令，可将网格映射到物理空间的表面上。这是使 block 网格变形至所需形状的最主要方法。通常，表面需要先定义或先导入 iges 数据。通过这种方式，表面可以先构建出来，然后使用 sd 命令将网格面投影至表面上。

虽然 sf 命令是对一个 part 的面进行变换，但实际上会影响到整个 part。将此命令与其他命令相结合，可使网格变换操作更加高效。例如，用 lct 和 lrep 命令进行比例缩放，能够将一个圆柱的横截面转化为椭圆。

对于每一个节点，TrueGrid 用开头插补和插补坐标来投影到指定表面。如果要求节点同时位于两不同的交叉表面，然后 TrueGrid 会使用开头插补和插补坐标找到两表面最近的交叉点。如果要求节点同时位于三个不同的交叉表面，TrueGrid 会使用开头插补和插补坐标找到三表面最近的交叉点。在网格变换的不同阶段，顶点、边缘和面将被投影至指定表面，通常按照首先是顶点，其次是边缘，再次为面的顺序进行。

19. sfi 命令

功能：通过索引投影区域到指定表面上（project regions onto a surface by index progression）。

语法：与 sf 命令类似。

备注：与 sf 命令类似。

20. patch 命令

功能：将网格面映射到由四个边确定的表面上（attaches a face to a 4 sides surface patch）。

语法：patch region surface_#;

备注：使用此命令可以将网格面一次性映射到由四个边确定的表面上。这个操作计算量较大，因为要将网格的四个边缘映射到四个边上，然后将网格面投影到表面上。此命令仅适用于一个仅有四个边的表面。

21. ms 命令

功能：定义表面投影的顺序（sequence of surface projections）。

语法：ms region index_direction surfaces;

其中，方向索引可以是 i、j 或 k。表面可以两种方式指定。第一种方式，每个表面单独地指定，首先写表面的类型，然后输入合适的参数。表面的类型可以是下列之一：

sd（表面的定义）
sp（球面）
cy（圆柱面）
plan（平面）
pr（抛物面）
er（椭圆面）
cone（圆锥体）
cn2p（由两个点定义的圆锥体）
ts（圆环面）
cr（平面曲线沿某个轴旋转而成的面）
crx（平面曲线沿 x 轴旋转而成的面）
cry（平面曲线沿 y 轴旋转而成的面）
crz（平面曲线沿 z 轴旋转而成的面）
cp（平面曲线沿第三维方向拉伸所形成的面）
xyplan（由 xy 面转变而成的面）
yzplan（由 yz 面转变而成的面）
zxplan（由 zx 面转变而成的面）
sds（已定义表面的列表）
xcy（在 x 方向上转变的圆柱面）

ycy（在 y 方向上转变的圆柱面）

zcy（在 z 方向上转变的圆柱面）

pl3（通过三个点形成的平面）

iplane（由隐函数定义的平面）

指定表面的第二种方式是指定表面序列的类型，紧接着输入合适的参数。

ppx（与 x 轴方向正交的平行面）

ppy（与 y 轴方向正交的平行面）

ppz（与 z 轴方向正交的平行面）

cnsp（同心的球面）

cncy（同心的圆柱面）

pon（相同的面在法线方向的偏移）

pox（在 x 方向上偏移的面）

poy（在 y 方向上偏移的面）

poz（在 z 方向上偏移的面）

备注：每个在指定方向上的区域面的整数坐标，按顺序被投影至相对应的表面上。

22. endpart 命令

功能：完成 part 数据并将其加到数据库（complete the part and add it to the data base）。

语法：endpart；（这个命令没有参数）

备注：此命令将结束 part 网格数据的编辑，并将其加入数据库中。当发出 control、merge、block、blude 或者 cylinder 命令之后，系统将自动产生此命令。一旦这些命令发出，part 网格的修改操作将结束，后续将不能进行任何的修改。

23. savepart 命令

功能：此命令用于保存一个 part 网格生成的所有数据。

语法：savepart filename；

备注：这个命令用于保存 part 网格的所有数据，之后网格数据仍然能够进行修改。

24. lct 命令

功能：定义局部坐标变换（define local coordinate transformations）。

语法：lct n trans1；…；transn；

其中，n 表示进行坐标变换的次数，与后面的具体变换的数量相一致。

备注：通常，在局部坐标系统中建立 part 网格，然后在全局坐标系统中将 part 网格变换到合适的位置。例如，对于 cylinder 命令建立的网格，是以 z 轴为对称轴，但在整个网格模型中，可能将其他的轴作为对称轴。lct 和 lrep 命令组合使用，可以实现相对于其他 part 网格的平移、缩放和旋转操作，从而将网格调整到适当的位置。使用 lct 命令定义坐标变换，然后用 lrep 命令实现变换。这两个命令不仅能够实现网格从局部坐标系到全局坐标系的变换，而且能够实现在变换过程的网格模型的复制操作。lct 命令定义了整个局部坐标变换序列，变换的顺序按照从左到右的顺序进行。

25. lrep 命令

功能：通过局部坐标方式复制 part 网格（local replication of a part）。

语法：lrep list_local_transform_#；

其中，list_local_transform_# 是变换的序列号列表，此列表由与当前 part 网格相关的 lct 命令定义。

样例：

```
cylinder 1 3;1 10;1 5;1 2;0 180;-1 1;
lct5 ry 45 mx 5;last ry 45;last ry 45;last ry 45;last ry 45;
lrep0:5;
merge
```

以上使用 lct 和 lrep 命令生成的复制网格如图 3-64 所示。

图 3-64　使用 lct 和 lrep 命令生成的复制网格

26. gct 命令

功能：定义全局坐标变换（define global coordinate transformation）。

语法：gct n trans1；…；transn；

其中，n 表示进行全局坐标变换的次数，与后面的具体变换的数量相一致。

备注：这个命令定义全局坐标变换的整个序列。命令执行时，按照从左到右的顺序执行。

27. grep 命令

功能：通过全局坐标方式复制 part 网格（global replication of a part）。

语法：grep list_local_transform_#；

其中，list_local_transform_# 是变换的序列号列表，此列表由与当前 part 网格相关的 gct 命令定义。

备注：对于当前的 part 网格，如果没有 lrep 命令，grep 命令将产生与 lrep 命令相同的效果。对于每个具体的变换，TrueGrid 对 part 网格实施变换操作，并获得 part 网格的复制。TrueGrid 将产生的复制添加到网格模型中，但缺省状态下，初始网格不会添加到网格模型。但是，变换序列中的"0"表示不进行任何变换的初始网格。

全局复制命令 grep 最大的应用，是将一个问题分解为两个水平层级。例如，建立一堵墙的网格模型，首先建立初始网格来表示一块砖；然后通过局部坐标变换就可以复制许多块砖，从而形成一排砖；最后通过全局坐标变换命令生成多排的砖，从而构建起一堵砖墙。

样例：

```
autodyn
block 14;1 3;1 6;0 2.8;0 1.8;0 4.8;
gct3 mx 1.5 my 2;my 4;mx 1.5 my 6;
lct5 mx 3;repeat 5;
lrep 0 1 2 3 4 5;
grep 0 1 2 3;
endpart
merge
```

命令流最终生成的网格模型如图 3-65 所示。

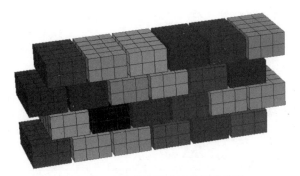

图 3-65　命令流最终生成的网格模型

在进行弹药仿真计算时，如果涉及预制破片弹药的建模，采用常规的方法将是非常复杂和烦琐的，那么就可以采用以上类似的命令流来实现。

28. trbb 命令

功能：将一些极端变形的网格稀疏化，从而降低网格的畸变（slave transition block boundary interface）。

语法：trbb region interface transform；

其中，interface 为分界面的标号；transform 为变换的参量。

trbb 命令使用的条件包括：

（1）界面的主边和次边必须来自两个不同的 part。

（2）主边的 part 应首先产生。

（3）界面区域不能有任何空洞。

（4）"bb"命令的首次使用定义了界面的主边。这意味着，只能有一个主边，但可以有一个或更多个次边。

（5）主边（m_1，m_2，m_3，m_4）和次边（s_1，s_2，s_3，s_4）节点的坐标用来确定最佳的映射。

基于 4 种旋转变换和 2 个对称变换，主和次有 8 个可能的相对位置。次边的初始位置决定了最佳的映射。对于所有的 8 个位置，主节点和从节点的距离分别为 d_1、d_2、d_3 和 d_4。节点距离之和（$d_1+d_2+d_3+d_4$）最小时，所对应的位置用来进行映射。如果没有明显的选择，那么选择最好的，并出现一个警告信息。主边和次边的对应关系如图 3-66 所示。

（6）在边界上，主边上单元的数量和次边上单元的数量是相关的，也就是说，在界面的某一方向，单元的数量是相同的。在其他方向，一个边上单元的数量必须是其他边的 2~3 倍。当比例为 2 时，两个边在各自的方向上的单元数量必须为偶数。也就是说，在进行网格的稀疏化时，可接受的比例是 1∶3 或 2∶4。

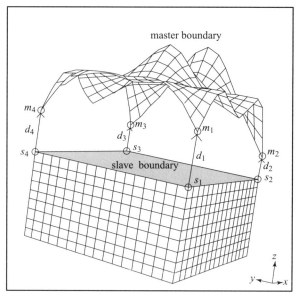

图 3-66 主边和次边的对应关系

这个命令形成了一个过渡区域，使得一个次体（Slave Part）的面与另一个主体（Master Part）的面相结合，其中次体发生变化，而主体保持不变。使用"bb"命令来建立过渡块边界的主边。主边和次边上的单元的数量是相关的。如果体的单元为六面体，那么过渡区域的单元也将全部是六面体。在界面的一个方向上，单元的数量必须相等。在其他方向上，一个边上单元的数量必须是另一个边的 2 或 3 倍。当比例为 2 时，两个边在它们各自的方向上必须有偶数个单元。通过 trbb 命令，网格的密度可以实现改变和优化，如图 3-67 所示。

样例：

```
autodyn
block
1 3 5 7 9;
1 3 5;
1 3 5 7 9;
1 3 5 7 9;
1 3 5;
1 3 5 7 9;
```

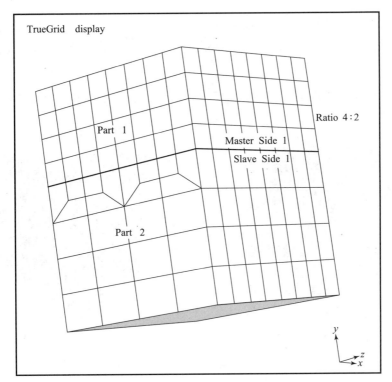

图 3-67 **trbb** 命令的效果

```
c dense part - part 1
bb 1 1 1 5 1 5 1;
c Master side definition
block
1 3 5 7 9;
1 3 5;
1 3 5;
1 3 5 7 9;
-5 -2 1;
1 5 9;
c sparese part - part 2
trbb
1 3 1 5 3 3 1;
c slave side 1 definition
merge
```

```
stp 0.0001
write
```

根据以上命令流,最终生成的网格如图 3-68 所示。

注:将生成的网格模型输入 AUTODYN 软件时,会形成 3 个网格体,需采用"join"命令连接起来,如图 3-69 所示。

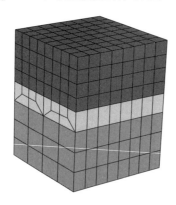

图 3-68 最终生成的网格

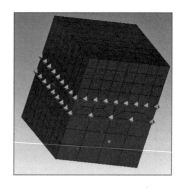

图 3-69 join 命令连接效果

以上仅是在一个方向上对网格进行了改变,如果两个方向上都需要,则可参考下面的样例,如图 3-70 所示。

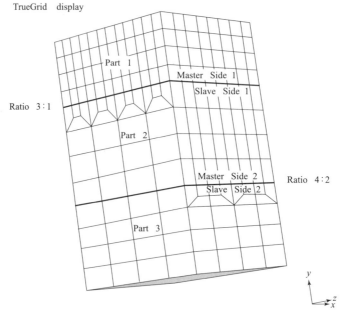

图 3-70 在两个方向上改变网格密度

样例：

```
autodyn
block 1 3 5 7 9;1 3 5;1 13;1 3 5 7 9;1 3 5;1 9;
c dense part – part 1
bb 1 1 1 5 1 2 1;
c Master side 1 definition
block 1 3 5 7 9;1 3 5;1 3 5;1 3 5 7 9;-5 -2 1;1 5 9;
c sparse part 1 – part 2
trbb 1 3 1 5 3 3 1;
c slave side 1 definition
bb 1 1 1 5 1 3 2;
c master side 2 definition
block 1 3 5;1 3 5;1 3 5;1 5 9;-10 -7.5 -5;1 5 9;
c sparse part 2 – part3
trbb 1 3 1 3 3 3 2;
c slave side 2 definition
merge
stp 0.0001
write
```

根据以上命令流，最终生成的网格如图 3-71 所示。

备注："trbb"的操作应该在体产生后，且在任何插值和映射前实施，那时这些节点将被冻结，其他命令不能改变过渡区域的点的坐标。在体完成后，且一个新的体初始化或"endpart"命令输入后，界面上的单元将重新排列，以在界面上形成过渡区域，但只有在 merge phase，才能实现过渡区域的显示。多个次边可以在一个主界面上映射，这意味着每个次边的"trbb"命令将包括一个变形。对于网格的几个面的不同变形，一个体可以使用相同的界面。

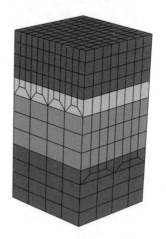

图 3-71　最终生成的网格

29. merge 命令

功能：使进度转换至 merge phase（switch to the merge (assembly) phase）。

语法：merge；（这个命令没有参数）

备注：当已经在 merge phase 时，这个命令是不会起作用的。如果在 part phase 时发出此命令，将会导致 part phase 结束。在三维窗口中，这个命令由 control phase 转换到 merge phase 是很有用的。

30. stp 命令

功能：用诊断器设置节点的容差，并合并相应的表面节点（set tolerance and merge surface nodes, with diagnostics）。

语法：stp tolerance；

其中，tolerance 表示设置的容差值。

备注：表面包括物理匹配但是逻辑不同的网格面。如果此命令对节点实施了具体的操作，将会出现相应操作结果的提示文件。

3.3 网格的输出

本节是采用 TrueGrid 前处理软件建立网格，然后输入 AUTODYN 仿真软件中进行数值模拟，那么就需要在 TrueGrid 前处理软件的输出过程进行相应的设定，以产生 AUTODYN 软件能接受的网格。

通过 TrueGrid 软件，建立 AUTODYN 所需网格的步骤主要分为三步，即生成网格文件、修改网格文件、导入 AUTODYN 软件。

（1）在 TrueGrid 软件中输入生成网格的命令流，具体格式为：

```
autodyn
…（生成网格的命令流）
write
```

其中，"autodyn" 表示输出的格式，"write" 为输出命令，两者之间为网格生成和变换的命令流。需要注意的是，在建立网格过程中，如果需要删除一些不用的网格部分，可以使用 de 或 dei 命令，也可用 mt 或 mti 命令。两者的区别在于，mt 和 mti 用来取消 part 网格，但是并不删除它们，那么最终生成的是一个网格整体，而 de 或 dei 命令会产生多个网格。对于两者功能的差别，请看以下两个样例。

样例 1：

```
autodyn
block 1 3 5;1 3 5;1 3;1 2 3;1 2 3;1 2;
de 1 1 1 2 2 2;
merge
write
```

以上 de 或 dei 命令产生的网格生成效果如图 3-72 所示。

样例 2：

```
autodyn
block 1 3 5;1 3 5;1 3;1 2 3;1 2 3;1 2;
mt 1 1 1 2 2 2;
merge
write
```

以上 mt 或 mti 命令产生的网格生成效果如图 3-73 所示。

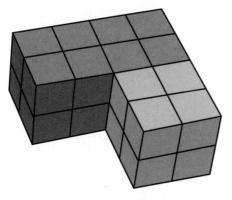
图 3-72　de 或 dei 命令产生的网格生成效果

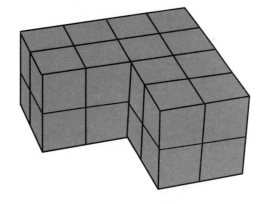
图 3-73　mt 或 mti 命令产生的网格生成效果

（2）修改生成网格文件的后缀。通过第（1）步，将在 TrueGrid 软件的安装目录下生成名称为 trugrdo 的无后缀文件，必须通过修改文件名的方式将此文件修改为后缀为 *.zon 的文件，同时文件名也可以改变。比如将 trugrdo 改为 shell.zon。

（3）将网格文件导入 AUTODYN 软件。在 AUTODYN 软件的主界面上方单击"Import"选项，出现网格文件导入下拉菜单，如图3-74所示。

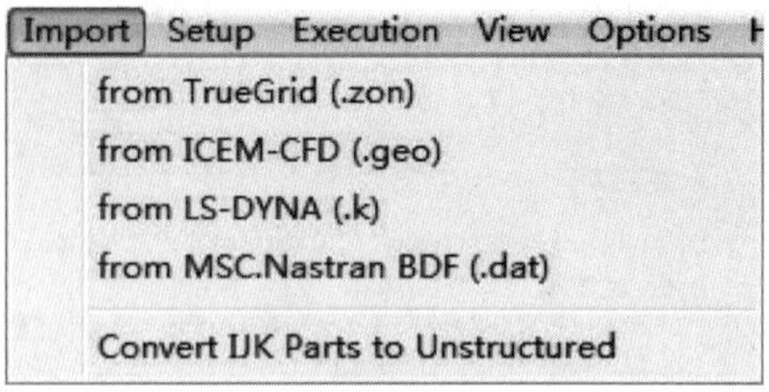

然后单击"from TrueGrid（.zon）"选项，将出现"Open TrueGrid（zon）file"对话框，将前面生成的 *.zon 文件导入即可。注意导入后，在 AUTODYN 中并不能立即看到网格模型，这是由于还未给网格填充材料模型。给网格填充上适当的材料后，网格模型即可见。

图3-74 网格文件导入菜单

第 4 章

ANSYS Workbench 软件应用基础

4.1　Workbench 平台信息简介

ANSYS Workbench 平台界面由以下几部分构成：菜单栏、工具栏、工具箱（Toolbox）、工程项目窗口（Project Schematic）、信息窗口（Messages）及进程窗口（Progress），如图 4-1 所示。

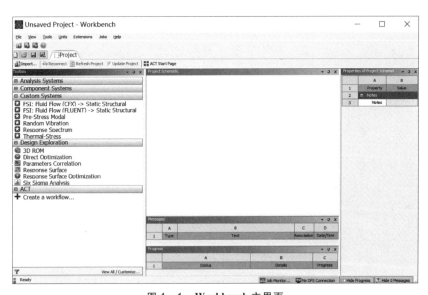

图 4-1　Workbench 主界面

主菜单主要为基本的操作，包括文件（File）、窗口显示（View）、工具（Tools）、单位制（Units）、扩展（Extensions）、工作（Jobs）、帮助信息（Help）。

工具栏中包括了常用命令按钮，包括新建文件（New）、打开文件（Open）、保存文件（Save）、另存为文件（Save As）、导入文件（Import）、重新连接（Reconnect）、刷新项目（Refresh Project）、更新项目（Update Project）、客户化起始页面（ACT Start Page）。

Workbench 界面左侧是工具箱（Toolbox），工具箱窗口包含了工程数值模拟所需的各类模块。工具箱包括分析系统（Analysis Systems）、组件系统（Component Systems）、定制系统（Custom Systems）、设计优化系统（Design Exploration Systems）和外部连接系统（External Connection Systems），如图 4 - 2 所示。

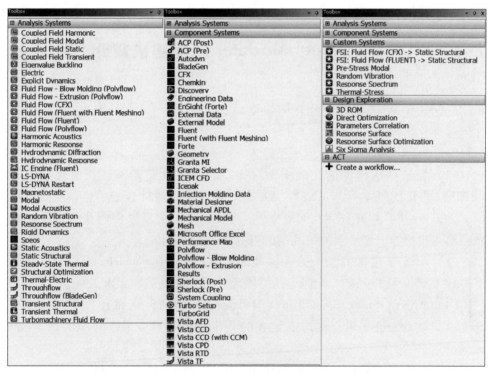

图 4 - 2　工具箱内分析系统

工程项目简图（Project Schematic）是管理工程项目的一个区域。当需要进行某一项目分析时，通过在 Toolbox 的相关项目上双击或直接按住鼠标左键拖动到项目管理区即可生成一个分析项目。工程流程图区域可以建立多个分析项目，每个项目均以字母编排（如 A、B、C 等）。各项目之间也可建立相应的关联分析共享模型、共享求解数据等，可以直接手动单项单元连接、手动拖动一次多项单元连接，或在项目的设置项中单击右键，在弹出的快捷菜单中选择"Transfer Data To New"或"Transfer Data From New"创建新的共享项目分析系统。

ANSYS Workbench 平台整合了世界上所有主流研发技术及数据，在保持多学科技术核心多样化的同时，建立了统一的研发环境。在 ANSYS Workbench 平台环境中，工作人员始终面对同一界面，无须在各种软件工具程序界面之间频繁切换，所有研发工具只是这个环境的后台技术，各类研发数据在此平台上交换与共享，无缝地将各个场中的分析数据进行传递，这使 ANSYS Workbench 平台成为世界上最领先的多物理场模拟工具，以先进的分析技术和理念引领多物理场仿真的发展方向。

4.2 DesignModeler 几何建模简介

ANSYS Workbench 平台的几何建模功能非常强大，在 Workbench 平台中，几何建立方法有以下几种：

（1）外部中间格式的几何模型导入，如 stp、x_t、sat、igs 等。

（2）处于激活状态的几何模型导入。此种方法需要保证几何建模软件（CAD 软件）的版本号与 ANSYS Workbench 的版本号具有相关性，例如，在 Creo（即 Pro/E）中建立完几何模型后，不要关闭，启动软件的几何模型 DM，从菜单中直接导入激活状态的几何即可。

（3）ANSYS 自带的强大的几何建模工具——DesignModeler 模块，具有所有 CAD 的几何建模功能，同时也是有限元分析中前处理的强大工具。

（4）ANSYS Space Claim Direct Modeler——ANSYS 外部几何建模模块，Space Claim 是先进的以自然方式建模的几何建模平台，无缝地集成到 Workbench 平台中。

本章着重讲述利用 ANSYS Workbench 自带的几何建模工具——DesignModeler 进行几何建模。DesignModeler 用户界面类似于大多数三维 CAD 建模软件，好操作，易用。DesignModeler 具有良好的 CAD 接口功能，支持所有的 Workbench 几何接口。用户可以通过 DesignModeler 文件菜单下的 Attach to Active CAD Geometry、Import External Geometry File 和 Import Shaft Geometry 随时导入或

链接外部几何模型,导入或链接过程中可以对几何模型随意增删。

4.2.1 DesignModeler 界面简介

在分析项目单元上右击"Geometry",单击"New DesignModeler Geometry…",进入 DesignModeler 用户界面,如图 4-3 所示。

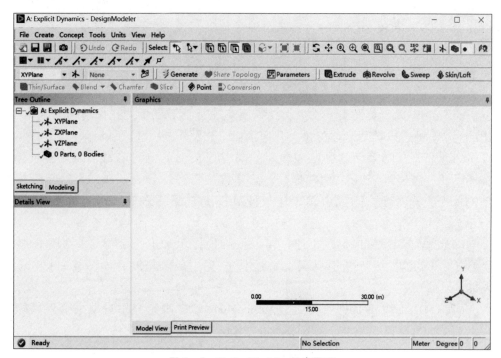

图 4-3 DesignModeler 用户界面

DesignModeler 的主界面主要由菜单栏、工具栏、操作树、图形区域、详细信息栏组成。

1. 菜单栏

菜单栏集中了 DesignModeler 的主要功能,包括文件操作(File)、3D 建模(Create)、线体及面体的概念建模(Concept)、建模工具(Tools)、单位(Units)、窗口视图管理(View)、帮助信息(Help)。

2. 工具栏

DesignModeler 的工具栏包含了对图形的各种操作,方便用户高效操作。

(1)基本工具。这个工具条包含新建一个图形窗口、保存文件、抓图、撤销等命令，如图4-4（a）所示。

（2）平面和草图工具。这个工具条用来进行创建平面和草图，是建模工具的基础，如图4-4（b）所示。

（3）3D几何建模工具。这个工具条用来进行3D建模操作和参数化建模操作，如图4-4（c）所示。

（4）叶片编辑工具。这个工具条用来进行各种涡轮叶片编辑操作，只有BladeModeler许可设为优先时才显示可用。

（5）视图工具。这个工具条用来对图形进行控制，如图4-4（d）所示。

（6）选择过滤工具条。这个工具条包含了选择草图和三维实体的选择模式，如图4-4（e）所示。

（7）图形选项工具条。这个工具条用来进行图形显示选择，包括面涂色、边涂色、5种选择类型、边矢量、几何顶点，如图4-4（f）所示。

（8）特征树形窗。这个区域显示的内容与整个建模的逻辑相匹配，包含新建平面、新建草绘、3D建模操作、总体模型等多个分支。在这里对整个模型的各个部分进行访问或编辑，是一种最直接方便的方式，如图4-4（g）所示。

（9）详细列表窗口。这个窗口可以详细地显示和进行建模定义，分析各个数据，例如建模可以定义尺寸、拉伸长度、旋转角度，如图4-4（h）所示。

（10）DesignModeler窗口管理。DesignModeler窗口允许用户根据个人喜好设置窗格，如移动窗格和调整窗格大小、自动隐藏。

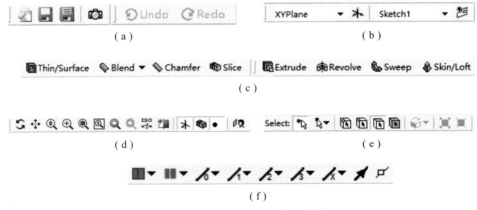

图4-4　DesignModeler的工具栏

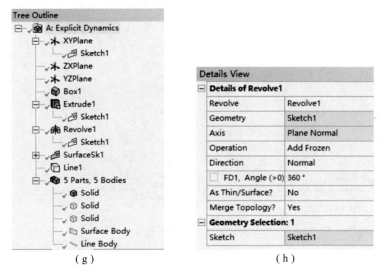

(g)   (h)

图 4-4　DesignModeler 的工具栏（续）

4.2.2　平面草图简介

草图的工作平面是绘制草图的前提，草图中的所有几何元素的创建都将在这个平面内完成。一个新的 DesignModeler 交互对话中，在全局直角坐标系原点有三个默认的正交平面（XY 平面、ZX 平面、YZ 平面）。用户可以根据需要定义原点和方位或通过使用现有几何体作参照平面创建和放置新的工作平面，并且一个平面可以和多个草图关联。绘制草图分为两步：

（1）定义绘制草图的平面，单击 ✳ 来创建新平面，这时树形目录中显示新平面对象。

（2）创建草图，新平面创建完成后，单击 ⵕ 按钮来创建新草图，新草图放在树形目录中，并且在相关平面的下方。

切换草图标签（Sketching）可以看到草图工具栏，DesignModeler 2D 绘图工具包括绘图工具（Draw）、修改工具（Modify）、尺寸工具（Dimensions）、约束工具（Constraints）、栅格设置工具（Settings），如图 4-5 所示。这些工具对绘制草图是有用的，熟悉并灵活地运用，对提高草图绘制建模水平会有很大的帮助。

用户可以投影 3D 几何体到工作面上，以创建一个新的草图。在投影时，可以选择几何体的点、边、面和体进行投影，不能用常用的草图工具进行修改操作。

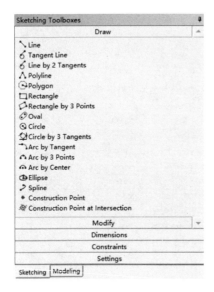
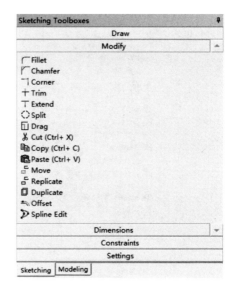

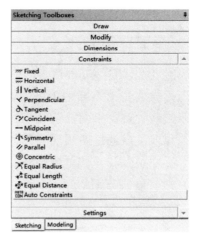

图 4-5　草图工具栏

4.2.3 特征体建模简介

Design Modeler 包括三种不同体类型：①实体（Solid body），具有面积和体积的体；②表面体（Surface body），有面积但没有体积的体；③线体（Line body），完全由线组成的体，没有面积和体积。

实体特征创建主要包括基准特征、体素特征、扫描特征、设计特征等部分。通常使用两种方法创建特征模型：一种方法是利用"草图"工具绘制模型的外部轮廓，然后通过扫描特征生成实体效果；另一种方法是直接利用"体素特征"工具创建实体。

拉伸 Extrude 特征是将拉伸对象沿着指定的矢量方向拉伸到某一位置所形成的实体，该拉伸对象可以是草图、曲线等二维几何元素。拉伸可以创建实体、表面、薄壁特征。

回转 Revolve 操作时，将草图截面或曲线等二维草图沿着指定的旋转轴线旋转一定的角度而形成的实体模型，如法兰盘和轴类等零件。创建完成以后，如不满意，可以在详细列表中修改设置和参数，重新生成满意的模型。回转需要一个旋转轴线，可以坐标系 $OXYZ$ 为轴线，也可以创建轴线。如果在草图中有一条孤立（自由）的线，它将被作为默认的旋转轴。

扫掠 Sweep 操作将一个截面图形沿着指定的引导线运动，从而创建出三维实体或片体，其引导线可以是直线、圆弧、样条等曲线。在特征建模中，拉伸和旋转特征都算作扫掠特征。

蒙皮/放样 Skin/Loft 可以从不同平面上的一系列剖面（轮廓）产生一个与它们拟合的三维几何体（必须选两个或更多的剖面）。剖面可以是一个闭合或开放的环路草图或由表面得到的一个面，所有的剖面必须有同样的边数，必须是同种类型。草图和面可以通过在图形区域内单击它们的边或点，或者在特征或面树形菜单中单击选取，选取后会产生指引线，指引多线是一段灰色的多义线，它用来显示剖面轮廓的顶点如何相互连接。需要注意的是，剖面不在同一个平面建立。

薄壁特征可分为创建薄壁实体和创建简化壳体 Thin/Surface，将实体转换成薄壁体或面时，可以采用以下三种方向中的一种来指定模型的厚度：向内（Inward）、向外（Outward）、中面（Mid Plane）。

倒圆角 Blend 是用指定的倒圆角半径将实体的边缘变成圆柱面或圆锥面。既可以对实体边缘进行恒定半径的倒圆角，也可以对实体边缘进行可变半径的倒圆角。

倒角 Chamfer 特征是处理模型周围棱角的方法之一。当产品边缘过于尖锐时，为避免应力集中，需要对其边缘进行倒角操作。倒角的操作方法与倒圆角极其相似，都是选取实体边或面并按照指定的尺寸进行倒角操作。如果选择的是面，那个面上的所有边缘将被倒角。面上的每条边都有方向，该方向定义右侧和左侧。可以用平面（倒角面）过渡所用边到两条边的距离或距离（左或右）与角度来定义斜面。在参数栏中设定倒角类型并设定距离和角度参数后，单击 Generate 完成特征创建更新模型。

阵列 Pattern 特征允许用户用下面的 3 种方式创建面或体的复制体：①线性（方向+偏移距离）；②环形（旋转轴+角度）；③矩形（两个方向+偏移）。对于面选定，每个复制的对象必须和原始体保持一致（须同为一个基准区域），并且每个复制的面不能彼此接触/相交。

体操作 Body Operation，用户可以对任何几何体进行操作，包括对几何体的缝合、简化、切除材料、切分材料、表面印记和清除体操作。

体的转化 Body Transformation，单击右侧黑色箭头，操作包括移动（Move）、平移（Translate）、旋转（Rotate）、镜像（Mirror）和比例模型（Scale）。

使用布尔操作 Boolean 可以对现成体做相加、相减、相交和表面印记操作。

（1）相加（Unite），可以把相同类型的体合并在一起，但应注意间隙的大小。

（2）相减（Subtract），可以把相同的体进行相切得出合理的模型，但应注意目标体与工具体的选择。

（3）相交（Intersect），将冻结的体切成薄片。只在模型中所有的体被冻结时才可用。

（4）表面印记（Imprint Faces），类似于切片（Slice）操作，只是体上的面是被分开的，若有必要，侧边也可被黏附（Imprinted）（不产生新体）。

切片 Slice 操作，有助于在网格划分时划出高质量的网格，被划出的体会自动冻结。该特征在对体进行共享拓扑前后都可以操作。切片类型分为以下几种：

（1）用工作平面切分（Slice by Plane），用指定的平面切分模型。

（2）面切分（Slice off Faces），在模型中，选择切分的几何面，通过切分出的面创建一个分离体。

（3）表面切分（Slice off Surface），选定一个表面作为切分工具来切分体。

（4）边切分（Slice off Edges），选定切分边，通过切出的边创建分离体。

（5）闭合的边切分（Slice by Edge Loop），选择闭合的边作为切分工具切分体。

删除操作 Delete，单击右侧黑色箭头，操作包括对体的删除（Body Delete）、面的删除（Face Delete）和点的删除（Edge Delete）。

点特征 Point 用来控制和定位点相对于被选模型的面或边的相对位置和尺寸。创建点时，可以选择一系列基准面和支配边。点的类型：Spot Weld，使用"焊接"连接，否则，在装配中会成为互不关联的部件（只有成功地形成耦合的点才可以作为点焊接传递到 Mechanical）；Point Load，在 ANSYS 中使用"hard points"（所有成功地产生的点作为顶点传递到 Mechanical）。Construction Point 类型的点不能传递到 Mechanical。

体素特征 Primitives 一般作为模型的初始特征出现，这类特征具有比较简单的特征形状。利用这些特征工具可以比较快速地生成所需的实体模型，并且对生成的模型可以通过特征编辑进行迅速更新。单击右侧黑色箭头，操作包括长方体、圆柱体、锥体、球体，这些特征均被参数化定义，可以根据需要对其大小及位置在详细列表窗口进行尺寸驱动编辑。

4.2.4 概念建模简介

概念建模主要用来创建和编辑线体或面体，使之成为可作为有限元梁和壳板模型的线体或表面体。

线体建模的方式有三种，分别为：

（1）从点生成线体 Lines From Points，点可以是任何 2D 草图点、3D 模型顶点、点特征生成的点（PF points）。由点构成线段，点线段是两个选定点之间的直线。当选择了点线段，屏幕上会出现绿线，表示已经形成了线体。

（2）从草图生成线体 Lines From Sketches，从草图生成线体可以基于基本模型来创建线体，如基于草图和从表面得到的平面创建线体。这种方法适用于创建复杂的桁架体。

（3）从边生成线体 Lines From Edges，边生成线体可以基于已有的 2D 和 3D 模型边界创建线体。这种方法根据所选边和面的关联性质可以创建多个线体。

生成的线体是可以修改分割的，操作的方法是使用切割线体（Split Line Body）命令。

创建表面体有三种方法，分别为：

（1）从线生成表面 Surfaces From Edges，从线生成表面是用线体边作为边界创建表面体，线体边必须没有交叉的闭合回路。应用线体创建面体的时候需注意，无横截面属性的线体能用于将表面模型连在一起，在这种情况下，线体仅起到确保表面边界有连续网格的作用。

（2）从草图生成表面 Surfaces From Sketches，从草图生成面体可以由单个或多个草图作为边界创建面体。基本草图必须是不能自相交叉的闭合剖面，键入厚度后，可用于创建有限元模型。

（3）从3D边生成表面 Surfaces From Faces，从3D边生成面体可以是实体边或线体边，被选择的边必须形成不交叉的封闭环。

3D曲线 3D Curve 可用作建立特征时的基准对象，为概念建模提供定制曲线。创建3D曲线的点，可以是现有模型点或坐标（文本）文件方式。曲线通过链路上的所有选中点，且选中的点是唯一的，创建的曲线可以是开放的，也可以是闭合的。

分离 Detach 允许把一个独立体或装配体分离成若干个小面体，可以对这些分离出的小面体属性进行修改，单独划分网格，提高整体网格划分质量。

横截面的作用是作为一种属性分配给线体，有限元仿真中需要定义梁的属性。在DesignModeler的草图中描绘横截面并通过一组尺寸控制横截面的形状。通过横截面概念建模的方法是单击"Concept"→"Cross Section"，然后根据创建需要选择一个横截面，编辑界面尺寸，进行拉伸或旋转操作，即可创建实体特征。

4.2.5 高级几何工具简介

在DesignModeler中，会默认将新建的几何体和已有的几何体合并来保持单个体。为了方便操作，可用激活体或冻结体来控制几何体的合并操作。

（1）激活体，在DesignModeler中，各几何体在默认的状态下是激活体，可以进行常规的建模操作修改，但不能进行切片（Slice）操作；激活体在特征树形目录中显示为蓝色；激活体在特征树形目录中的图标取决于它的类型：实体、面体、线体。

（2）冻结体，冻结体是独立的体，不会自动与其接触体合并。冻结体的目的是为仿真装配建模提供不同选择的方式；建模中可以对冻结体进行切片；用冻结特征可以将所有的激活体转到冻结状态；选取对象后，用解冻特征可以激活单个体；冻结体在树形目录中显示成较淡的颜色。可以使用"冻结"操作（"Tools"→ Freeze）将建好的激活体转换到冻结状态，也可以在建模的时候选择"Add Frozen"选项，直接把模型设为冻结状态。可以使用布尔操作将冻结体合并，或使用"不冻结"操作（"Tools"→ Unfreeze）将其转换为

第 4 章　ANSYS Workbench 软件应用基础

激活体。

在 Design Modeler 中可以将复杂结构中的各个部分组成一个多体零件"Multi Body Parts"。组成后的多体零件可以共享拓扑，也就是离散网格在共享面上匹配，这个功能是 Design Modeler 区别于其他 CAD 软件的亮点之一。多体零件另一个重要作用是把不同类型的几何体进行分组，比如一个复杂组合体包含有实体、壳体和线体这三种类型的几何体，在这种情况下需进行分组，以便进行分析。创建多体零件的方法：先在图形屏幕中选定两个或多个（或单击鼠标右键，在弹出菜单中选择"Select All"）体素，然后再次单击鼠标右键，选择 `Form New Part`（构成新部件）或选择"Tools"→`Form New Part` 构成一个多体零件。

包围 `Enclosure` 是在体附近创建周围区域，以方便模拟流场区域。如在流固耦合分析时，运用包围特征，可以方便创建流体模型，便于进行 CFD 分析。包围的形状可以是箱体形、球形、圆柱形以及自定义包围形状。

填充 `Fill` 创建填充内部空隙，如孔洞的冻结体，这种填充的冻结体可作为流体，在 CFD 应用中创建流动区域。在填充的过程中，分为两种填充方法：一是通过孔洞，二是通过覆盖方法。

对称 `Symmetry` 工具用来定义对称模型，对实体模型进行对称切分，通常最多可以进行 3 个对称平面的切分。

中面 `Mid-Surface` 操作可以将常厚度的几何简化为"壳"模型，并自动在三维模型一对面组中间位置生成面体。在进行中面操作时，注意选择面的顺序决定中面的法向，第一个选择的面以紫色显示，第二个选择的面以粉红色显示。

对 Surface Body，DesinModeler 有丰富的处理工具，包括面体铰接 `Joint`、面体延伸 `Surface Extension`、面体修补 `Surface Patch`、面体法向转换 `Surface Flip`、面体合并 `Merge`、面体连接 `Connect`。

焊缝特征 `Weld` 用于在两个体或多体之间创建由焊缝连接的焊接体。可以选择一个或多个边作为源面，选择相邻体的面作为目标面来创建冻结的焊接特征。焊接特征的扩展类型包括自动（Automatic）、自然（Natural）、投射（Projection），厚度模式包括继承（Inherited）和用户定义（User Defined）。

修理（Repair）为半自动化的几何修理工具，设定范围后，它可以帮助用户快速地找到几何模型中有缺陷的位置或不需要的部位。

电子模型工具（Electronics）主要用来把复杂模型转换为热分析工具 ANSYS Icepak 可使用的易用模型。

4.3 网格划分简介

在有限元计算中,只有网格的节点和单元参与计算,在求解开始,Meshing 平台会自动生成默认的网格,用户可以使用默认网格,并检查网格是否满足要求,如果自动生成的网格不能满足工程计算的需要,则需要人工划分网格、细化网格,不同的网格对结果影响比较大。网格的结构和网格的疏密程度直接影响计算结果的精度,但是网格加密会增加 CPU 计算时间和需要更大的存储空间。理想的情况下,用户需要的网格密度是结果不再随网格的加密而改变的密度,即当网格细化后,解没有明显改变;但是,细化网格不能弥补不准确的假设和输入引起的错误,这一点需要引起注意。

从简便的自动网格划分到高级网格划分,ANSYS Meshing 都有完美的解决方案,其网格划分技术继承了 ANSYS Mechanical、ANSYS ICEM CFD、ANSYS CFX、GAMBIT、TurboGrid 和 CADOE 等 ANSYS 各结构/流体网格划分程序的相关功能。ANSYS Meshing 根据所求解问题的物理类型(机械、流体、电磁、显式等)设定了相应的智能化的网格划分默认设置;在划分中,实现了障碍网格、失败网格与已划分网格的分离,从而加快网格的划分速度,特别是对网格的并行处理功能,使网格划分速度更是加倍。因此,用户一旦输入新的 CAD 几何模型并选择所需的物理类型,即可使用 ANSYS Meshing 强大的自动网格划分功能进行网格处理。当 CAD 模型参数变化后,网格的重新划分会自动进行,实现 CAD CAE 的无缝连接。

ANSYS Meshing 提供了包括混合网格和全六面体自动网格等在内的一系列高级网格划分技术,方便用户进行客户化的设置,以对具体的隐式/显式结构、流体、电磁、板壳、2D 模型、梁杆模型等进行细致的网格处理,形成最佳的网格模型,为高精度计算打下坚实基础。除了 ANSYS Meshing 之外,还有顶级的 ANSYS ICEM CFD 和 ANSYS TurboGrid 网格划分平台。它们在不断整合到 ANSYS Meshing 中,其强大的网格划分功能、独特的网格划分方法,使其在划分复杂网格方面游刃有余,也是 ANSYS 网格划分平台的重要组成部分。本节将给予简单介绍。

4.3.1 网格划分方法简介

ANSYS Meshing 按网格划分手段,提供了自动划分法(Automatic)、扫描法（Sweep）、多区域法（MultiZone）、四面体法（Tetrahedrons）、六面体主导法（Hex Dominant）网格划分方法。在导航树上用右键单击"Mesh"，选择"Insert"→"Method"，在方法参数栏里选择几何模型，然后展开"Method"选项栏，可以看到这些方法。利用以上网格划分方法可以对特殊的几何特性进行网格划分。

自动网格划分（Automatic）为默认的网格划分方法，通常根据几何模型来自动选择合适的网格划分方法。设置四面体或者扫掠网格划分，取决于体是否可扫掠。若可以，物体将被扫掠划分网格；否则，将采用协调分片算法（Patch Conforming）划分四面体网格。

运用四面体划分（Tetrahedrons）方法可以对任意几何体划分四面体网格，在关键区域可以使用曲率和逼近尺寸功能自动细化网格，也可以使用膨胀细化实体边界附近的网格，四面体划分方法的这些优点注定其应用广泛，但也有其缺点，例如，在同样的求解精度情况下，四面体网格的单元和节点数高于六面体网格，因此会占用计算机更大的内存，求解速度和效率方面不如六面体网格。

六面体主导（Hex Dominant）网格划分法主要采用六面体单元来划分。形状复杂的模型可能无法划分成完整的六面体网格，这时会出现缺陷。ANSYS Meshing 会自动处理这个缺陷，并用三棱柱、混合四面体和金字塔网格来补充处理。六面体网格首先生成四边形主导的面网格，接着按照需要填充三角形面网格来补充，最后对内部容积大的几何体和可扫掠的体进行六面体网格划分，不可扫掠的部分用楔形或四面体单元来补充。但是，最好避免楔形和四面体单元的出现。六面体网格划分方法常用于受弯曲或扭转的结构、变形量较大的结构分析之中。在同样求解精度下，可以使用较少的六面体单元数量来进行求解。

扫掠网格（Sweep）划分方法可以得到六面体网格和三棱柱网格，也可能包含楔形单元，其他实体采用四面体单元划分。使用此方法的几何体必须是可扫掠体。一个可以扫掠模型需满足：包含不完全闭合空间，至少有一个边或闭合面连接从源起面到目标面的路径，没有硬性约束定义，以致在源起面和目标面相应边上有不同的分割数。具体可以用右键单击"Mesh"，在弹出的菜单中选择"Show"→"Sweepable Bodies"来显示可扫掠体。扫掠划分方法还包括了一种薄壁扫掠网格方法（Thin Sweep Method），此种方法与直接进行扫掠类似，但也有其特点，在某种情况下可以弥补直接进行扫掠划分网格的不足。

多区域（MultiZone）划分方法可以自动将几何体分解成映射区域和自由区域，可以自动判断区域并生成纯六面体网格，对不满足条件的区域，采用更好的非结构网格划分。多重区域网格划分不仅适用于单几何体，也适用于多几何体。此方法基于 ICEM CFD Hexa 模块，非结构化区域可采用六面体主导、六面体核心，也可以采用四面体或金字塔网格来划分网格。在多区域网格划分方法下，通过在高级选项中设置，可直接调用 ICEM CFD 网格工具划分网格，在这里，"Write ICEM CFD Files" = Interactive，"ICEM CFD Behavior" = Generate Blocking and Mesh 及其他选项，可以实现参数化模型自动网格更新等功能。

ANSYS 网格划分平台可以对 SpaceClaim、DesignModeler 或其他 CAD 软件创建的表面体划分表面网格或壳体网格，进行 2D 有限元分析。然而，CFX 不接受 2D 网格划分，因为它是个固有的 3D 代码。为了使 CFX 可以进行 2D 分析，可以这样处理，创建对称方向一个单元厚度的体网格，如 2D 薄块。主要可划分为三角形或四边形网格，对网格的控制没有三维几何体划分网格复杂，主要是对边或映射面的控制。由于算法不断改进，划出的四边形网格质量也大幅提高。这部分较简单，因此不再叙述。面网格划分方法有：

①四边形为主自动划分方法（Quadrilateral Dominant）。
②纯三角形网格划分（Triangles）。
③多区四边形或三角形边长统一的网格划分（MultiZone Quad/Tri）。

4.3.2 网格设置简介

Meshing 网格设置可以在 Mesh 下进行操作，单击模型树中的 Mesh 图标，在出现的 Details of "Mesh" 参数设置面板的 Defaults 中进行物理模型选择和相关性设置。当物理模型确定后，可以通过调整 Relevance 选项来调整网格疏密程度，Relevance 值越大，则节点和单元划分的数量越多。

在出现的 Details of "Mesh" 参数设置面板的 Sizing 中进行网格尺寸的相关设置，如图 4-6 所示。

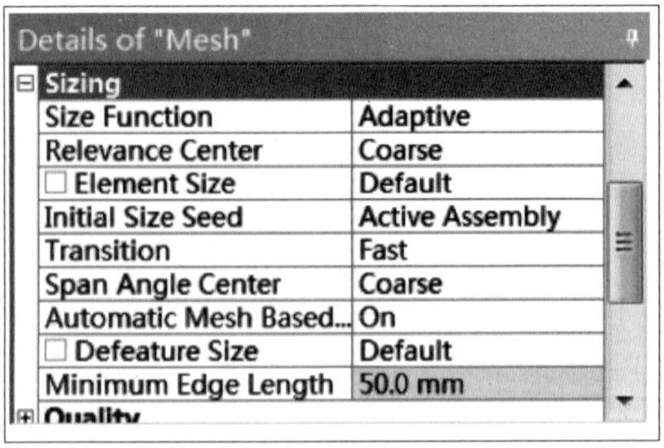

图 4-6 Sizing 设置面板

(1) Size Function（网格划分方式）：网格细化的方法，此选项默认为 Adaptive，单击后面的下拉按钮，可以看到其他四个选项：Proximity and Curvature、Curvature、Proximity、Uniform。当选择 Proximity and Curvature（接近和曲率）选项时，此时面板会增加网格控制设置。针对 Proximity and Curvature 选项的设置，Meshing 平台根据几何模型的尺寸，均有相应的默认值，可以结合工程需要对各个选项进行修改与设置，来满足工程仿真计算的要求。当选择其他三个选项时，设置与此相似，这里不再赘述。

(2) Relevance Center（相关性中心）：此选项的默认值为 Coarse（粗糙），根据需要可以分别设置为 Medium（中等）和细化（Fine）。当 Relevance Center 的选项由 Coarse 改变到 Fine 后，几何模型的节点数量和单元数量会增加，可以达到细化网格的目的。

(3) Element Size（单元尺寸）：通过在此选项后面输入网格尺寸大小来控制几何尺寸网格划分的粗细程度。

(4) Initial Size Seed（初始化尺寸种子）：此选项用来控制每一个部件的初始网格种子，如果单元尺寸已被定义，则会被忽略。在 Initial Size Seed 栏中有三种选项可供选择，即 Active Assembly（激活的装配体）、Full Assembly（全部装配体）及 Part（零件）。

(5) Smoothing（平滑度）：平滑网格是通过移动周围节点和单元的节点位置来改进网格质量的。下列选项和网格划分器开始平滑的门槛尺度一起控制平滑迭代次数。

①低（Low）：主要应用于结构计算，即 Meshing。
②中（Medium）：主要应用于流体动力学和电磁场计算，即 CFD 和 Emag。
③高（High）：主要应用于显示动力学计算，即 Explicit。

(6) Transition（过渡）：过渡是控制邻近单元增长比的设置选项，有以下两种设置。

①快速（Fast）：在 Meshing 和 Emag 网格中产生网格过渡。
②慢速（Slow）：在 CFD 和 Explicit 网格中产生网格过渡。

(7) Span Angle Center（跨度中心角）：跨度中心角设定基于边的细化的曲度目标，网格在弯曲区域细分，直到单独单元跨越这个角，有以下几种选择。

①粗糙（Coarse）：角度范围为 $-90°\sim 60°$。
②中等（Medium）：角度范围为 $-75°\sim 24°$。
③细化（Fine）：角度范围为 $-36°\sim 12°$。

需要注意的是，Span Angle Center 功能只能在 Advanced Size Function 选项关闭时使用。

在出现的 Details of "Mesh" 参数设置面板的 Quality 中进行网格质量的相关设置，如图 4-7 所示。

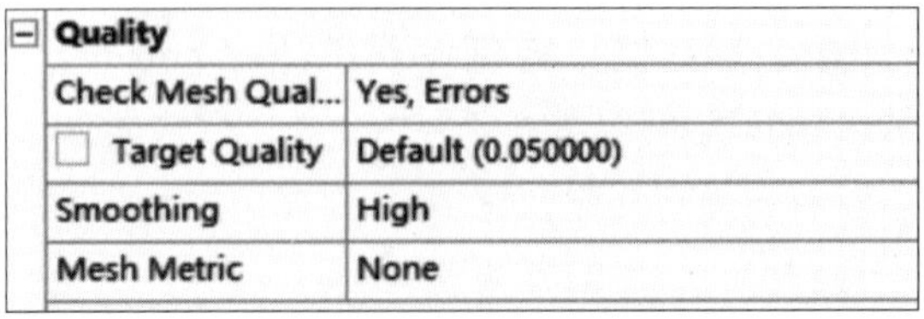

Quality	
Check Mesh Qual...	Yes, Errors
☐ Target Quality	Default (0.050000)
Smoothing	High
Mesh Metric	None

图 4-7　Quality 设置面板

（1）Check Mesh Quality（检查网格质量）选项中包括 No、（Yes, Errors and Warnings）和（Yes, Errors）三个选项可供选择。分别表示不检查，检查网格中的错误和警告，检查网格中的错误。

（2）Error Limits（错误限制）选项中包括适用于线性模型 Standard Mechanical 和大变形模型 Aggressive Mechanical 两个选项可供选择。

（3）Target Quality（目标质量）默认为 0.05 mm，可自定义大小。

（4）Smoothing（顺滑）选项中包括 Low、Medium 和 High，即低、中、高三个选项可供选择。

（5）Mesh Metric（网格质量）：默认为 None（无），用户可以从中选择相应的网格质量检查工具来检查划分网格质量的好坏。

①Element Quality（单元质量）：选择单元质量选项后，此时在信息栏中会出现 Mesh Metric 窗口，在窗口内显示网格质量划分图表。横坐标由 0 到 1，网格质量由坏到好，衡量准则为网格的边长比，纵坐标是网格数量，网格数量与矩形条成正比；Element Quality 中的值越接近于 1，说明网格质量越好。

②Aspect Radio（网格宽高比）：选择此选项后，在信息栏中会出现 Mesh Metrics 窗口，在窗口内显示网格质量划分图表。对于三角形网格来说，三角形越接近等边三角形，说明划分的网格质量越好；对于四边形网格来说，四边形越接近正方形，说明划分的网格质量越好。

③Jacobian Ratio（雅可比比率）：适应性较广，一般用于处理带有中节点的单元，选择此选项后，在信息栏中会出现 Mesh Metric 窗口，在窗口内显示网格质量划分图表。

④Wraping Factor（扭曲系数）：用于计算或评估四边形壳单元、含有四边形面的块单元、楔形单元及金字塔单元等。高扭曲系数表明单元控制方程不能很好地控制单元，需要重新划分。选择此选项后，在信息栏中会出现 Mesh Metric 窗口，在窗口内显示网格质量划分图表。

⑤Parallel Deviation（平行偏差）：计算对边矢量的点积，通过点积中的余弦值求出最大的夹角。平行偏差为 0 最好，此时两对边平行。选择此选项后，在信息栏中会出现 Mesh Metrics 窗口，在窗口内显示网格质量划分图表。

⑥Maximum Corner Angle（最大壁角角度）：计算最大角度，对三角形而言，60°最好，为等边三角形。对四边形而言，90°最好，为矩形。选择此选项后，在信息栏中会出现 Mesh Metrics 窗口，在窗口内显示网格质量划分图表。

⑦Skewness（偏斜）：为网格质量检查的主要方法之一，有两种算法，即 Equilateral – Volume – Based Skewness 和 Normalized Equiangular Skewness。其值位于 0～1 之间，0 最好，1 最差。选择此选项后，在信息栏中会出现 Mesh Metrics 窗口，在窗口内显示网格质量划分图表。

⑧Orthogonal Quality（正交品质）：为网格质量检查的主要方法之一，其值位于 0～1 之间，0 最差，1 最好。选择此选项后，在信息栏中会出现 Mesh Metrics 窗口，在窗口内显示网格质量划分图表。

⑨Characteristic Length（特征长度）：为网格质量检查的主要方法之一，二维单元是面积的平方根，三维单元是体积的立方根。在信息栏中会出现 Mesh Metrics 窗口，在窗口内显示网格质量划分图表。

在出现的 Details of "Mesh" 参数设置面板的 Inflation 中进行网格膨胀层的相关设置，如图 4 – 8 所示。

图 4 – 8　**Inflation 设置面板**

（1）Use Automatic Inflation（使用自动控制膨胀层）：使用自动控制膨胀层默认为 None，其后面有 3 个可选择的选项。

①None（不使用自动控制膨胀层）：程序默认选项，即不需要人工控制程序自动进行膨胀层参数控制。

②Program Controlled（程序控制膨胀层）：人工控制生成膨胀层的方法，通过设置总厚度、第一层厚度、平滑过渡等来控制膨胀层生成的方法。

③All Faces in Chosen Named Selection（以命名选择所有面）：通过选取已经被命名的面来生成膨胀层。

（2） Inflation Option（膨胀层选项）：膨胀层选项对于二维分析和四面体网格划分的默认设置为平滑过渡（Smoothing Transition），除此之外，膨胀层选项还有以下几项可以选择。

①Total Thickness（总厚度）：需要输入网格最大厚度值（Maximum Thickness）。

②First Layer Thickness（第一层厚度）：需要输入第一层网格的厚度值（First Layer Height）。

③First Aspect Ratio（第一个网格的宽高比）：程序默认的宽高比为5，用户可以修改宽高比。

④Last Aspect Ratio（最后一个网格的宽高比）：需要输入第一层网格的厚度值（First Layer Height）。

（3） Transition Ratio（平滑比率）：程序默认值为0.272，用户可以根据需要对其进行更改。

（4） Maximum Layers（最大层数）：程序默认的最大层数为5，用户可以根据需要对其进行更改。

（5） Growth Rate（生长速率）：相邻两侧网格中内层与外层的比例，默认值为1.2，用户可根据需要对其进行更改。

（6） Inflation Algorithm（膨胀层算法）：膨胀层算法有前处理（基于Tgrid算法）和后处理（基于ICEM CFD算法）两种。

①Pre（前处理）：基于Tgrid算法，所有物理模型的默认设置。首先表面网格膨胀，然后生成体网格，可应用扫掠和二维网格的划分，但是不支持邻近面设置不同的层数。

②Post（后处理）：基于ICEM CFD算法，使用一种在四面体网格生成后作用的后处理技术，后处理选项只对Patching conforming和Patch independent四面体网格有效。

（7） View Advanced Options（显示高级选项）：当此选项为开（Yes）时，Inflation（膨胀层）设置会增加如图4-9所示的选项。

在出现的Details of "Mesh"参数设置面板的Advanced中进行网格高级选项的相关设置，如图4-10所示。

（1） Straight Sided Elements：默认设置为No（否）。

（2） Number of Retries（重试次数）：设置网格剖分失败时的重新划分次数。

（3） Rigid Body Behavior（刚体行为）：默认设置为Dimensionally Reduced（尺寸缩减）。

第 4 章　ANSYS Workbench 软件应用基础

Inflation	
Use Automatic Inflation	None
Inflation Option	Smooth Transition
Transition Ratio	0.272
Maximum Layers	5
Growth Rate	1.2
Inflation Algorithm	Pre
View Advanced Options	Yes
Collision Avoidance	Layer Compression
Fix First Layer	No
Gap Factor	0.5
Maximum Height over Base	1
Growth Rate Type	Geometric
Maximum Angle	140.0°
Fillet Ratio	1
Use Post Smoothing	Yes
Smoothing Iterations	5

图 4 – 9　膨胀层高级选项设置

Advanced	
Number of CPUs for Pa...	Program Controlled
Straight Sided Elements	
Number of Retries	0
Rigid Body Behavior	Dimensionally Reduced
Mesh Morphing	Disabled
Triangle Surface Mesher	Program Controlled
Use Asymmetric Mapp...	No
Topology Checking	No
Pinch Tolerance	Default (0.142140 mm)
Generate Pinch on Ref...	No
Statistics	

图 4 – 10　高级选项设置面板

（4）Mesh Morphing（网格变形）：设置是否允许网格变形，即允许（Enable）或不允许（Disabled）。

（5）Triangle Surface Mesher（三角面网格）：有 Program Controlled 和 Advancing Front 两个选项可供选择。

（6）Use Asymmetric Mapped Mesh（非对称映射网格划分）：可以设置使用非对称映射网格划分。

（7）Topology Checking（拓扑检查）：默认设置为 No（否），可调置为 Yes，即使用拓扑检查。

（8）Pinch Tolerance（收缩容差）：网格生成时会产生缺陷，收缩容差定义了收缩控制，用户自己定义网格收缩容差控制值，收缩只能对顶点和边起作用，对面和体不能收缩。以下网格方法支持收缩特性。

①Patch Conforming 四面体。

②薄实体扫掠。

③六面体控制划分。

④四边形控制表面网格划分。

⑤所有三角形表面划分。

(9) Generate Pinch on Refresh (重新刷新时产生收缩): 默认为是 (Yes)。

在出现的 Details of "Mesh" 参数设置面板的 Statistics 中进行网格统计及质量评估的相关设置, 如图 4-11 所示。

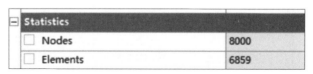

图 4-11 网格统计面板

4.4 显示动力学分析简介

显式动力学分析用来确定结构因受到应力波传播影响、冲击或快速变化的时变载荷作用而产生的动力学响应。所分析的物理现象与时间尺度小于 1 s (通常 1 阶毫秒) 间隔更有效模拟用这种类型的分析。在较长时间内持续的物理现象，可以考虑使用结构瞬态动力学分析。通常在进行显式动力学分析时，动体和惯性效应之间的动量交换是分析所考虑的重要方面。

显式动力学分析与隐式动力学分析之间的区别在于算法不同。显式动力学的算法基于动力学方程，有较好的稳定性，不需要进行迭代运算；而隐式动力学的算法基于虚功原理，一般要进行迭代运算。在求解时间上使用显式方法，计算成本消耗与单元数量成正比，并且大致与最小单元的尺寸成反比；应用隐式方法，经验表明，对于许多问题的计算成本大致与自由度数目的平方成正比。因此，若网格是相对均匀的，随着模型尺寸的增长，显式方法明显比隐式方法更加精确和有效，从而节省计算成本。

显式动力学分析通常下一步的计算结果仅和前面的计算结果有关（有条件收敛），要求时间步较小。隐式动力学分析，下一步的计算结果不仅和前面的结果有关，而且和下一步的结果有关，通过迭代得到（无条件收敛）。显式动力学分析通常可分析包括非线性大变形、大应变、塑性、超弹性、材料失效等不同类型的非线性现象，时间增量都为 1 μs，所以，以千为数量级的时间计算（计算周期），通常能获得问题的解决。

4.4.1 ANSYS 显式动力学模块

目前，ANSYS Workbench 中的显式动力学有三大模块，分别为：

(1) ANSYS Explicit Dynamics。该模块主要基于 AUTODYN 产品解算核心，是 Workbench 界面下新的显式有限元分析程序，可充分利用 Workbench 快速、高效的前处理技术，能更方便地实现与其他模块数据共享；集成于 Workbench 平台，有了更加丰富的材料模型库、建模方式、网格划分方式，结构与非结构网格的计算，对并行计算有了更加良好的兼容，能够模拟非线性结构动力学从低速 1 m/s 到非常高的速度 5 000 m/s；应力波、冲击波、爆轰波在固体和液体中传播；高频动态响应；大变形和几何非线性；复杂的接触条件；复杂的材料行为，包括材料损坏；非线性结构响应，包括屈曲；焊缝/紧固件的失效等问题。

Explicit Dynamics 适用于多物理场的耦合。可以和 Workbench ACP、Workbench Transient Structural、Workbench Static Structural、Poly Flow Workbench FEM 等进行耦合。支持更多的网格和网格格式，包括结构和非结构网格，可以方便调用多核进行计算。和 ANSYS Design Xplorer 结合，使工程师能够执行实验设计（DOE）分析，调查响应曲面，并分析输入约束，以追求最佳设计候选者。

(2) ANSYS AUTODYN。它是一个显式有限元分析程序，用来解决固体、流体、气体及相互作用的高度非线性动力学问题。AUTODYN 具有深厚的军工背景，在国际军工行业占据 80% 以上的市场，可解决如下典型问题：装甲和反装甲的优化设计；航天飞机、火箭等点火发射；战斗部设计及优化；水下爆炸对舰船的毁伤评估；针对城市中的爆炸效应，对建筑物采取防护措施，并建立风险评估；石油射孔弹性能研究；国际太空站的防护系统的设计；内弹道气体冲击波；高速动态载荷下材料的特性等。

AUTODYN 具有丰富的材料库模型，含有脆性、复合材料、炸药、流体等 140 多种材料。并拥有多种强度、破坏模型。具有多种算法，拥有拉格朗日、欧拉、ALE、SPH 等算法，可模拟高度非线性问题。SPH 算法可直接由外部模型倒入生成，并且计算具有较好的稳定性。结合结果映射技术可以将一维模型计算结果导入三维，极大地节省了计算时间。

(3) ANSYS LS-DYNA，它是一个以显式为主、隐式为辅的通用非线性动力分析有限元程序，可以求解各种二维、三维非线性结构的高速碰撞、爆炸金属成形等非线性问题，广泛应用于汽车、军工、航空航天、电子、机械制造等领域。目前已被 ANSYS 公司收购，为 ANSYS 提供求解器。在 Workbench 中作为独立程序，主要完成前处理工作输出 LS-DYNA 的 K 文件，提供给 LS-DY-

NA Solver 进行求解计算。Workbench 2020 以上版本新增功能使得在 Workbench 平台可以直接调用 LS – DYNA 求解器。LS – DYNA 程序是功能齐全的几何非线性（大位移、大转动和大应变）、材料非线性（140 多种材料动态模型）和接触非线性（50 多种）程序。它以拉格朗日算法为主，兼有 ALE 和欧拉算法；以显式求解为主，兼有隐式求解功能；以结构分析为主，兼有热分析、流体 – 结构耦合功能；以非线性动力分析为主，兼有静力分析功能（如动力分析前的预应力计算和薄板冲压成型后的回弹计算）；军用和民用相结合的通用结构分析非线性有限元程序。

本章主要介绍 ANSYS Explicit Dynamics 显式动力学分析。

4.4.2 显式动力学材料

与隐式中的小变形不同，一般而言，材料对动态载荷具有复杂的响应，可能需要考虑材料的应变率效应，可能材料在高速动载荷情况下发生严重的破坏和失效，一些特殊材料如炸药，材料可能发生了相变等。所以，显式模拟可能需要对以下现象进行建模。

①材料非线性压力响应；
②应变硬化；
③应变率硬化；
④压力硬化；
⑤热软化；
⑥压实（例如，多孔材料）；
⑦各向异性的响应（例如，复合材料）；
⑧破坏（例如，陶瓷、玻璃、混凝土）；
⑨化学能沉积（例如，爆炸物）；
⑩拉伸失效；
⑪相变（例如，炸药爆炸）等。

常用的状态方程有理想气体状态方程 Ideal Gas EOS、体积模量 Bulk Modulus、剪切模量 Shear Modulus、多项式状态方程 Polynomial EOS、线性冲击状态方程 Shock EOS Linear、双线性冲击状态方程 Shock EOS Bilinear、炸药 JWL 状态方程 Explosive JWL、线性压缩 Compaction EOS Linear、P – alpha EOS 等。

固体材料最初可能会弹性回应，但在高动态载荷下，它们会达到超过其屈服应力并发生塑性变形的应力状态。材料强度法则描述了这种非线性弹塑性响应。常见的强度模型如 Bilinear Isotropic Hardening、Bilinear Kinematic Hardening、Johnson Cook Strength、Cowper Symonds Strength、Mooney Rivlin 3 Parameter 等。

在极端负载条件下，固体通常会失效，导致材料被压碎或破裂。材料失效模型模拟材料失效的各种方式。液体也会失去张力，这种现象通常被称为空化现象。材料的破坏模型如塑性失效应变（Plastic Strain Failure）、最大主应力（Principal Stress Failure）、Johnson Cook Failure、Drucker – Prager Strength Linear 等。

各类材料类型和适用状态归纳于表 4 – 1。

表 4 – 1　各类材料类型和适用状态

类型	材料状态
金属	Elasticity（弹性） Shock Effects（冲击效应） Plasticity（塑性） Isotropic Strain Hardening（各向同性的应变强化） Kinematic Strain Hardening（运动应变硬化） Isotropic Strain Rate Hardening（各向同性应变率强化） Isotropic Thermal Softening（各向同性热软化） Ductile Fracture（韧性断裂） Brittle Fracture（Fracture Energy based）（脆性断裂，基于破坏能量） Dynamic Failure（Spall）（动力学失效）
混凝土/岩石	Elasticity（弹性） Shock Effects（冲击效应） Porous Compaction（多孔压实） Plasticity（塑性） Strain Hardening（应变强化） Strain Rate Hardening in Compression（压缩应变率强化） Strain Rate Hardening in Tension（拉伸应变率强化） Pressure Dependent Plasticity（依赖压力的塑性） Lode Angle Dependent Plasticity（依赖角度的塑性） Shear Damage/Fracture（剪切破坏/断裂） Tensile Damage/Fracture（拉伸破坏/断裂）
固体/沙子	Elasticity（弹性） Shock Effects（冲击效应） Porous Compaction（多孔压实） Plasticity（塑性） Pressure Dependent Plasticity（依赖压力的塑性） Shear Damage/Fracture（剪切破坏/断裂） Tensile Damage/Fracture（拉伸破坏/断裂）
橡胶/聚合物	Elasticity（弹性） Viscoelasticity（黏性） Hyper – elasticity（超弹性）
各向异性材料	Orthotropic Elasticity（各向异性的弹性）

在材料库中，有 Explicit Dynamics 显式动力学材料库，通过单击"Engineering Data Sources"→"Explicit Materials"，调用显式动力学中的材料，如图 4-12 所示。

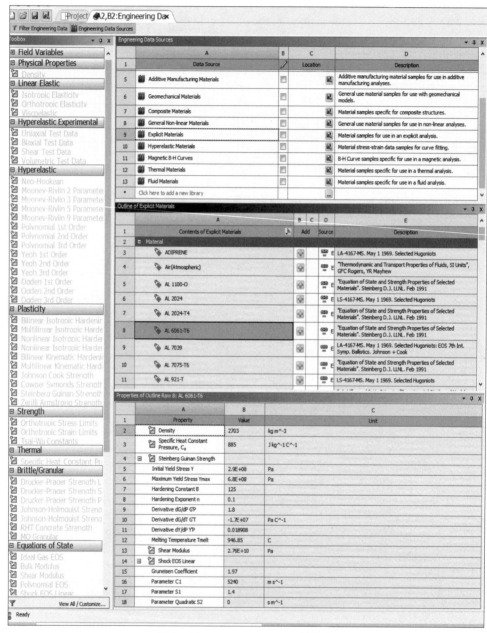

图 4-12 Explicit Materials 材料库

4.4.3　Explicit Dynamics 接触设置

Explicit Dynamics 中支持来自和隐式分析中类似的接触设置，但在隐式分析中更多的需要考虑接触的非线性导致的结果不收敛。而显式过程结果大多数情况下都是收敛的，更多考虑的是 Body Interaction，即体与体的相互作用，如图 4-13 所示。

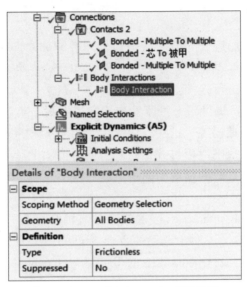

图 4-13　Explicit Dynamics 接触设置

显式动力学分析有五种接触方式，但是实际作用的只有三种：Bonded、Frictionless、Frictional。

Bonded：绑定接触，接触区域被设置为 bonded。对于隐式分析，不存在可脱落的选项。在显式动力学分析中可以设置 breakable 的状态。在 breakable 设置为 no 的情况下，不允许面或者线之间有相对的滑动或者分离。当 breakable 为 yes 时，可以设定分离的条件。

No separation：不分离接触。与 bonded 类似，适用于面，不允许接触区域面的分离，可以允许沿着接触表面小的无摩擦滑动，但是在显式动力学分析中会被忽略。

Frictionless：无摩擦接触。代表单边接触，如果出现分离，则法向压力为 0。只适用于面接触。模型之间可以出现间隙。这是一种非线性的求解。假设摩擦系数为 0，因此允许自由滑动。

Frictional：摩擦接触。发生相对滑动前，两个接触面可以通过接触区域传递一定的剪应力。

Rough：粗糙接触，与无摩擦类似，表现为完全的摩擦接触，没有相对滑动。相当于接触体之间摩擦系数为无穷大。但是在显式动力学中会被忽略。

显式动力学分析不支持将欧拉（虚拟）的物体黏合接触。会显示警告，让用户知道这些物体对于绑定的接触将被忽略。在 2D 显式动力学分析中，不支持绑定接触。为了避免沙漏问题，如果绑定接触定义中只有少数节点处于活动状态，则可以使用远程点。不建议使用 Bonds 连接四面体网格，改为使用多体部分或远程点。

显式动力学求解器运行的模型通常包含一种被称为 joint（关节）的运动。这个如机械系统中的运动副。这些系统由刚体和远端点组成，通过刚性或柔性体几何上的联合定义进行连接。

Spot weld（焊点）提供了一种刚性连接模型中两个离散点的机制，并可用于代表焊接、铆钉、螺栓等。这些点通常属于两个不同的表面，并被定义在几何上。点焊可以在模拟中使用可分开的应力或力选项来释放。如果选择应力准则，将要求定义一个有效的横截面面积。这习惯于将所定义的应力极限转换成等效的力极限。

默认情况下，Body interaction 会被自动插入模型分析树中，会包含所有的 bodies。在分析过程中，该对象激活了互相接近的所有物体无摩擦接触行为。和隐式动力学类似，显式动力学中的 Body interaction 中主要包括以下接触类型：

（1）Frictionless type，无摩擦接触，一般默认接触。将"设置类型"设置为"无摩擦"，可激活任何外部节点与范围内任何外部面之间的无摩擦滑动接触。在分析过程中检测并跟踪。接触在物体之间是对称的（即每个节点将属于受相邻从节点影响的主表面，每个节点也将作为影响主表面的从属装置）。

（2）Frictional type，摩擦接触，定义摩擦系数即可。将"设置类型"设置为"摩擦"可激活任何外部节点与范围内任何外部面之间的摩擦滑动接触。在仿真过程中检测和跟踪单个接触事件。接触在物体之间是对称的（即每个节点属于受邻近从节点影响的主表面，每个节点也将作为影响主表面的从节点）。

（3）Bonded type，绑定接触。如果外部节点与面部之间的距离小于用户在最大偏移量中定义的值（maximum offset），则物体所有的外部节点将被连接到包含在交互中的物体的面中。解算器在分析的初始化阶段自动检测结合的节点/面。注意，选择最大偏移量的适当值是很重要的。自动搜索将把小于此距离的所有的 part 结合在一起。可定义可脱离的 breakable。

(4) Reinforcement type,增强型。在模型中,包含在物体内的线体的所有梁单元将被转换成离散的增强体,位于所有三维实体外的元素将保持为标准的线体单元。这种相互作用类型被用来将离散强化应用于固体。典型的应用涉及钢筋混凝土或增强橡胶结构,如轮胎等。

4.4.4 Explicit Dynamics 分析设置

在 Workbench 中建立显式动力学分析项目,在左边的 Toolbox 下的 Analysis Systems 中双击"Explicit Dynamics"即可,如图 4-14 所示。在"Geometry"中绘制或者导入几何模型,在分析系统中双击"Model"进入多显式动力学分析系统。

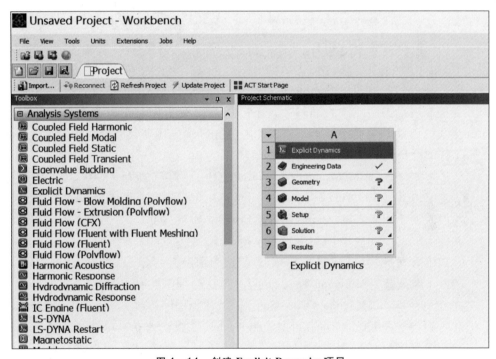

图 4-14 创建 Explicit Dynamics 项目

进入 Mechanical 后,单击"Analysis Setting",出现如图 4-15 所示的详细分析设置栏。

(1) 分析设置参考(Analysis Setting Preference):设置类型(Type),包含程序控制(Program Controlled)(具有较好的鲁棒性)、低速度(Low Velocity)(<100 m/s)、高速度(High Velocity)(>100 m/s)、效率(Efficiency)(在小运行时间下,具有好的鲁棒性和精度)、准静态(Quasi Static)(推荐方法)。

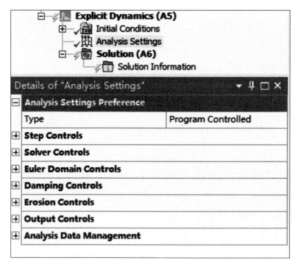

图 4-15 Explicit Dynamics 分析设置

（2）步长控制（Step Controls）：用于非线性分析时控制时间步长。时间步长不仅控制着动力学响应的准确性，还控制着非线性系统的准确性和收敛性。时间步长的设置一般要足够小，这样才能更准确地描述随时间变化的载荷。

①获取循环（Resume From Cycle），默认为 0。

②最大循环次数（Maximum Number of Cycle），默认值为 1×10^7。

③求解时间（End Time），设置求解时间，此选项是必须设置选项。

④最大能量误差（Maximum Energy Error），默认为 0.1。

⑤参考能量周期（Reference Energy Cycle），默认为 0。

⑥初始时间步（Initial Time Step），默认为程序控制。

⑦最小时间步（Minimum Time Step），默认为程序控制。

⑧最大时间步（Maximum Time Step），默认为程序控制。

⑨时间步安全系数（Time Step safety Factor），默认为 0.9。

⑩特征尺度（Characteristic Dimension），默认为对角线。可以选择反面和最近的面。

⑪自动计算重量（Automatic Mass Scaling），默认为不计算。

（3）求解控制（Solver Controls）：用于控制求解类型。

①求解单位（Solve Units），默认为毫米、毫克、毫秒。

②梁求解类型（Beam Solution Type），默认为弯曲，也可选为捆绑。

③梁的时间步安全系数（Beam Time Step Safety Factor），默认为 0.5。

④十六进制体积分类型（Hex Integration Type），默认为精确，也可为 1PT

高斯。

⑤壳体子层（Shell Sublayers），默认为3层。

⑥壳体剪切修正系数（Shell Shear Correction Factor），默认为0.833 3。

⑦壳BWC弯曲修正（Shell BWC Warp Correction），默认为是。

⑧更新壳层方式（Shell Thickness Update），默认为节点方式，也可选择单元方式。

⑨Tet积分（Tet Integration），默认为平均节点压力，也可为固定压力、节点应变。

⑩更新壳惯性（Shell Inertia Update），默认为重计算。

⑪更新密度（Density Update），默认为程序控制。

⑫最小速度（Minimum Velocity），默认为1×10^{-6} m/s。

⑬最大速度（Maximum Velocity），默认为1×10^{-10} m/s。

⑭最小半径（Radius Cutoff），默认为1×10^{-3} m。

⑮最小应变率（Minimum Strain Rate Cutoff），默认为1×10^{-10}。

（4）欧拉域的控制（Euler Domain Controls）：用于控制欧拉域的设置。

①定义域大小（Domain Size Definition），默认为程序控制，或手动设置。

②显示欧拉域（Display Euler Domain），默认为显示。

③欧拉域（Scope），默认为所有体，也可只对欧拉体进行定义。

④X方向标度因子（X Scale Factor），默认为1.2。

⑤Y方向标度因子（Y Scale Factor），默认为1.2。

⑥Z方向标度因子（Z Scale Factor），默认为1.2。

⑦欧拉域求解定义（Domain Resolution Definition），默认为整体求解，也可定义为单元的尺寸和在单元方向上的求解。

⑧总单元数（Total Cells），默认为2.5×10^5。

⑨X面下（Lower X Face），默认为流出，也可选择阻抗或刚性。

⑩Y面下（Lower Y Face），默认为流出，也可选择阻抗或刚性。

⑪Z面下（Lower Z Face），默认为流出，也可选择阻抗或刚性。

⑫X面上（Upper X Face），默认为流出，也可选择阻抗或刚性。

⑬Y面上（Upper Y Face），默认为流出，也可选择阻抗或刚性。

⑭Z面上（Upper Z Face），默认为流出，也可选择阻抗或刚性。

⑮欧拉跟踪方式（Euler Tracking），默认为用体跟踪。

（5）阻尼控制（Damping Controls）：用于设置阻尼，可以直接输入系统阻尼。

①线性黏度（Linear Artificial Viscosity），默认为0.2。

②二次黏度（Quadratic Artificial Viscosity），默认为1，可以为其他值。

③线性黏度扩展（Linear Viscosity in Expansion），默认为不扩展。

④沙漏阻尼（Hourglass Damping），默认为标准的 AUTODYN。

⑤黏滞系数（Viscous Coefficient），默认为0.1。

⑥静态阻尼（Static Damping），默认为0，可以改变为其他值。

（6）侵蚀控制（Erosion Controls）：用于控制侵蚀。

①设置几何极限应变（On Geometric Strain Limit），默认为是。

②几何应变极限值（Geometric Strain Limit），默认为1.5。

③设置材料失效（On Material Failure），默认为不设置。

④设置最小单元时间步（On Minimum Element Time Step），默认为不设置。

⑤保持侵蚀材料的惯性（Retain Inertia of Eroded Material），默认为是。

（7）输出控制（Output Controls）：用于处理所需时间点的输出值，对于非线性分析中的中间载荷的结果很重要。并非所有结果都是我们感兴趣的，此选项可以严格控制确定点的输出结果。

①保存结果的方式（Save Results On），默认以等间隔时间点方式，也可以周期和时间的方式来保存结果文件。

②结果等间隔点数（Result Number of Points），默认以20个点为间隔。

③保存开始文件的方式（Save Restart Files On），默认以等间隔时间点方式，也可以周期和时间点的方式保存开始文件。

④重开等间隔点数（Restart Number of Points），默认以5个点为间隔。

⑤保存跟踪结果数据的方式（Save Result Tracker Data on），默认周期方式，也可以时间方式输出。

⑥追踪周期数（Tracker Cycles），默认为1个周期。

⑦输出接触力（Output Contact Forces），默认为不输出，也可以周期、时间、等空间点的方式输出。

（8）分析数据管理（Analysis Data Management）：求解器工作路径（Solver files Directory），在矩阵方程求解过程中保存临时文件的地方，默认使用 Windows 系统环境变量。获取求解文件（Scratch Solver Files Directory），默认为空白。

在显式动力学分析中，可以对单体零件或多体零件定义速度或角速度。默认的情况下，所有的体都认为是静止的，没有外部约束和载荷的作用。因此，至少有一个初始条件，分析才能被执行。

4.4.5　Explicit Dynamics 后处理

用于后期处理的主要工具之一是结果显式设置。这些结果可以帮助评估压力、应变、变形等，如图 4－16 所示。

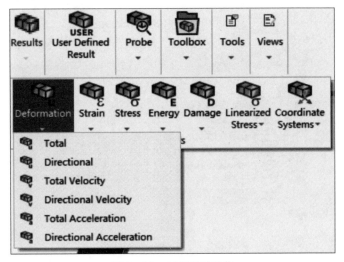

图 4－16　后处理结果集

这些集合可以在模拟之前或之后添加，然后进行评估。除了标准结果集之外，还可以包含用户定义结果对象，并且可以使用各种变量（在解决方案标签突出显示时，单击工作表按钮查看，如图 4－17 所示）。它也可以使用任何变量来评估表达式。这些结果与用户自定义结果类似，对于评估某些内容和情况非常方便有用。

Type	Data Type	Data Style	Component	Expression
EFF_STN	Element Nodal	Scalar		EFF_STN
EFF_PL_STN	Element Nodal	Scalar	ALL	EFF_PL_STN.
EPS_RATE	Element Nodal	Scalar		EPS_RATE
VISC_PRES	Element Nodal	Scalar		VISC_PRES
YLD_STRESS	Element Nodal	Scalar		YLD_STRESS
INT_ENERGY	Element Nodal	Scalar	ALL	INT_ENERGY
DENSITY	Element Nodal	Scalar		DENSITY
MASS	Element Nodal	Scalar	ALL	MASSALL
COMPRESS	Element Nodal	Scalar	ALL	COMPRESSA
TEMPERATURE	Element Nodal	Scalar	ALL	TEMPERATUI
DAMAGE	Element Nodal	Scalar	ALL	DAMAGEALL
SOUNDSPEED	Element Nodal	Scalar		SOUNDSPEEI
EXT_BND_FX	Element Nodal	Scalar		EXT_BND_FX
EXT_BND_FY	Element Nodal	Scalar		EXT_BND_FY
EXT_BND_FZ	Element Nodal	Scalar		EXT_BND_FZ
TIMESTEP	Element Nodal	Scalar		TIMESTEP
BOND_STATUS	Elemental	Scalar		BOND_STATI
RB_CONTACT_ENERGY	Element Nodal	Scalar		RB_CONTAC

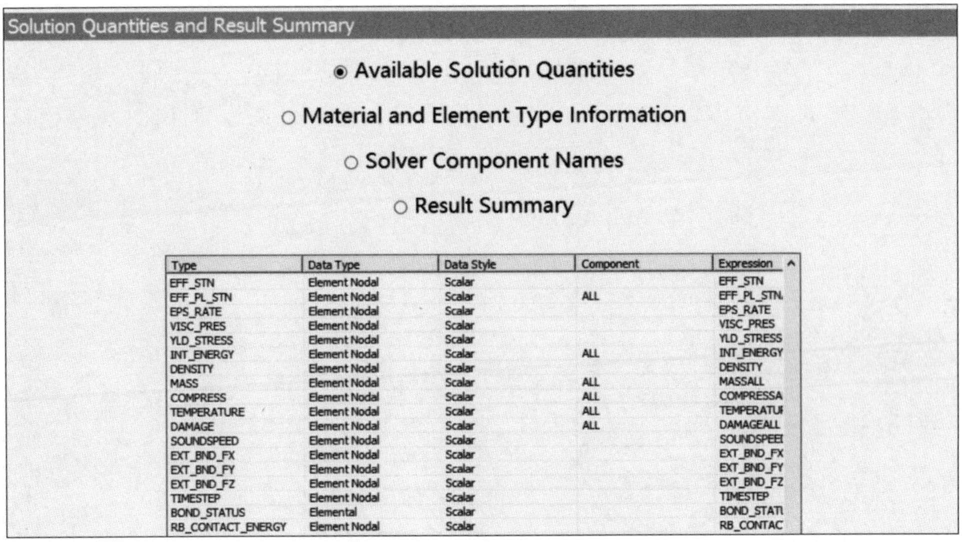

图 4－17　**Worksheet** 工作表内容

由于显式求解器的特性,完成结果动画给出了有关解决方案的更详细和有价值的信息。动画是非常有用的,因为它们基于仿真时间,与隐式仿真不同。这可以有助于调整初始运行后的设置和边界条件。

在结果后处理中,可以自定义结果显式的方式,可在 Type 中插入 User Defined Result,在 Expression 中插入自定义的显式结果,如图 4-18 所示。

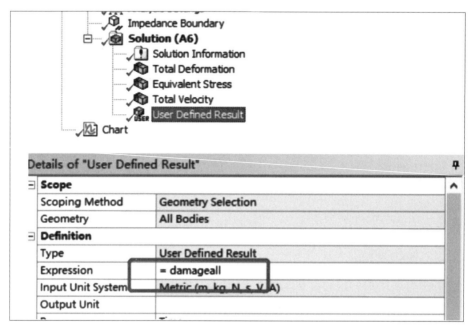

图 4-18 自定义结果

第 5 章

炸药在刚性地面上爆炸仿真

5.1 问题描述

实际过程中,炸药在地面上爆炸更为常见。炸药在地面上爆炸所产生的现象与炸药在无限空域内的爆炸有很大不同,由于地面的作用,在空气中会产生多次冲击波的反射,如图5-1所示。

图5-1 炸药在地面爆炸的现象

本章主要针对炸药在刚性地面上的爆炸进行仿真,以得到空气冲击波的变化情况。仿真模型的基本情况如图5-2所示。

模型为二维轴对称模型,炸药为直径200 mm、高100 mm 的圆柱体,在刚性地面上爆炸,即在地面上为全反射,没有能量和物质的损失。在满足模型要求的前提下,建立二维模型,就可以极大地提高网格的密集度,从而得到更高的计算精度。

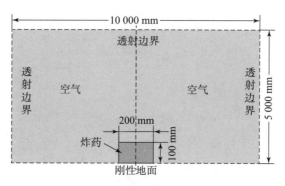

图 5-2 仿真模型的基本情况

5.2 仿真过程

炸药在刚性地面上爆炸的数值仿真过程如下。

第1步:确定输出文件夹

打开 AUTODYN 程序,并在菜单中单击"File"→"Export to Version"→"Version 11.0.00a"(或者"5.0.01c/5.0.02b/6.0.01c"),出现图 5-3 所示对话框,然后单击"Browse"按钮,找到预设的存储文件夹,比如 F:\Explosive blasting on the land\,单击"确定"按钮。在"Ident"栏内输入计算文件名称"Explosive blasting on the land",单击"√"按钮。

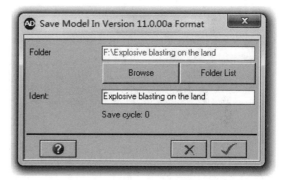

图 5-3 工作目录设定对话框

第2步:设置工作名称和单位制

在菜单中单击"Setup"→"Description",出现图 5-4 所示的对话框,并按图指定工作名称和单位制,Heading:Explosive blasting test;Description:2D simulation;单位制:mm/mg/ms,单击"√"按钮。

第3步:选择对称方式

在菜单中单击"Setup"→"Symmetry",出现图 5-5 所示的对话框,按图指定对称方式,Model symmetry:2D,Symmetry:Axial,单击"√"按钮。

图5-4 工作名称和单位制设定对话框

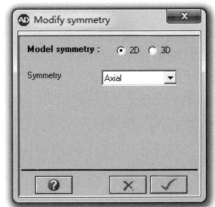

图5-5 对称方式设置对话框

第4步：定义模型的材料

在导航栏上单击"Materials"按钮，然后单击"Load"按钮进入材料模型库界面，如图5-6所示。选择 AIR 和 TNT 两种材料，单击"√"按钮。备注：按下 Ctrl 键可同时选中两种材料。

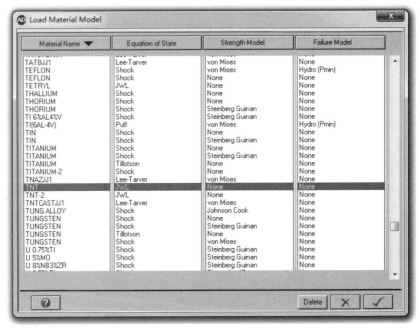

图5-6 材料模型库对话框

第 5 步：定义边界条件

在导航栏上单击"Boundaries"按钮，然后单击"New"按钮进入边界条件定义界面，如图 5-7 所示。按图定义边界条件，Name：flow_out，Type：Flow_Out，Sub option：Flow out（Euler），Preferred Material：ALL EQUAL，单击"√"按钮。

第 6 步：建立空气模型

在导航栏上单击"Parts"按钮，然后单击"New"按钮进入模型构建界面，如图 5-8 所示。按图设置，Part name：air，Solver：Euler, 2D Multi - material，Definition：Part wizard，单击"Next"按钮。

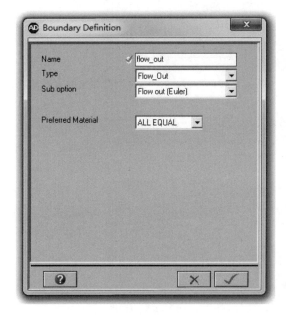 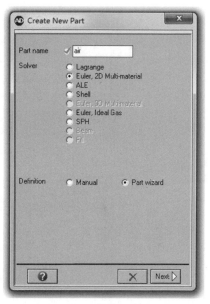

图 5-7　边界条件定义对话框　　　　图 5-8　模型构建对话框

然后，单击"Box"按钮定义模型形状，如图 5-9 所示。按图设置，X origin：0，Y origin：0，DX：5 000，DY：5 000，单击"Next"按钮。

接下来，进入了网格划分对话框，如图 5-10 所示。按图中设置对几何模型划分网格，Cells in I direction：500，Cells in J direction：500，勾选"Grade zoning in I - direction"，设置 Fixed size（dx）：2，Times（nI）：50，起始位置：Lower I，勾选"Grade zoning in J - direction"，设置 Fixed size（dy）：2，Times（nJ）：50，起始位置：Lower J，单击"Next"按钮。

■ 战斗部爆炸毁伤数值仿真技术

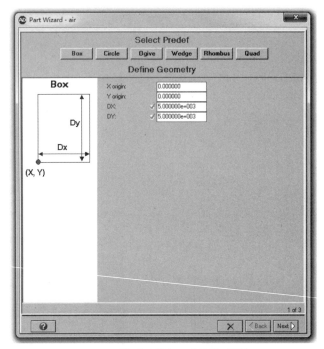

图 5-9 模型形状和尺寸设置对话框

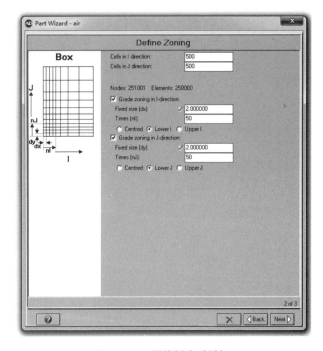

图 5-10 网格划分对话框

接下来，进入了模型填充对话框，如图 5-11 所示。按图中设置对模型进行填充，勾选"Fill part"，设置 Material：AIR，Density：0.001 225，Int Energy：2.068e5，X velocity：0，Y velocity：0，其他为默认设置，单击"√"按钮。

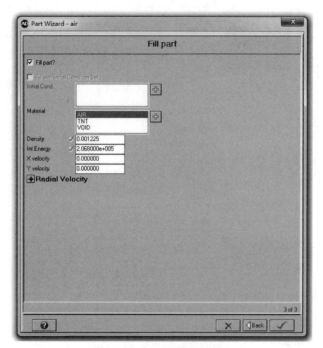

图 5-11　模型填充对话框

第 7 步：将炸药材料填充到空气模型中

在导航栏上单击"Parts"按钮，选中"Parts"中的"air"，然后单击"Fill"按钮，在"Fill by Geometrical Space"中单击"Rectangle"按钮，出现"Fill Part"对话框，如图 5-12 所示。按图设置，X1：0，X2：100，Y1：0，Y2：100，填充方式：Inside，Material：TNT，Density：1.63，Int Energy：3.680 981e6，其他保持默认，单击"√"按钮。

第 8 步：为空气模型设置透射边界

在导航栏上单击"Parts"按钮，选中"Parts"中的"air"，然后单击"Boundary"按钮，在"Apply Boundary by Index"中单击"I Plane"按钮，出现"Apply Boundary to Part"对话框，如图 5-13 所示。按图设置，From I = 501，Boundary：flow_out，其他保持默认，单击"√"按钮。

同样，单击"J Plane"按钮，出现"Apply Boundary to Part"对话框，如图 5-14 所示。按图设置，From J = 501，Boundary：flow_out，其他保持默认，单击"√"按钮。

■ 战斗部爆炸毁伤数值仿真技术

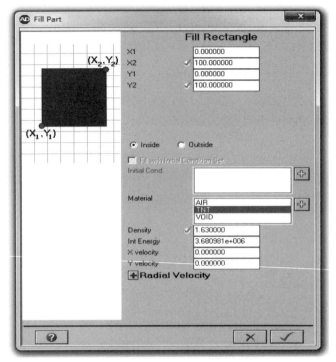

图 5-12　Fill Part 对话框

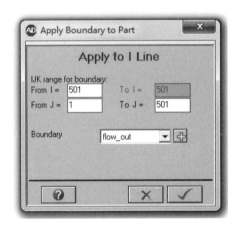 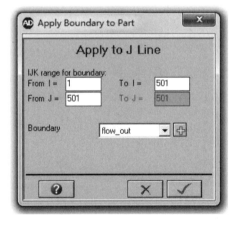

图 5-13　"Apply Boundary to Part"对话框　　　　图 5-14　"Apply Boundary to Part"对话框

第 9 步：测试点设置

在导航栏上单击"Parts"按钮，选中"Parts"中的"air"，然后单击"Gauges"按钮，在"Define Gauge Points"中单击"Add"按钮，出现"Modify

Gauge Points"对话框,如图 5-15 所示。按图设置,测试点布置类型:Array,布置空间:XY - Space,阵列方向:X - Array,X min:0,X max:5 000,X increment:500,其他保持默认,单击"√"按钮。

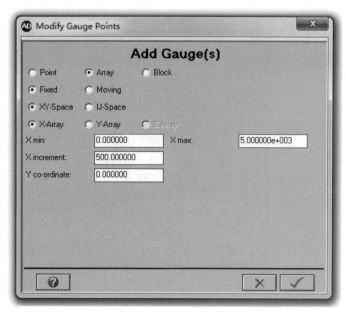

图 5-15　测试点设置

测试点分布位置如图 5-16 所示,共 11 个。

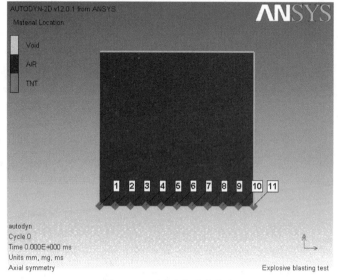

图 5-16　测试点分布位置

第10步：起爆设置

在导航栏上单击"Detonation"按钮，然后单击"Point"按钮，出现"Define detonations"对话框，如图5-17所示。按图设置，X：0，Y：0，其他保持默认，单击"√"按钮。

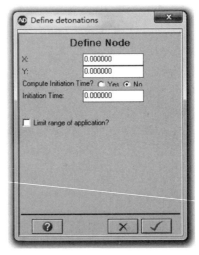

图5-17 起爆点设置

第11步：求解控制

在导航栏上单击"Controls"按钮，出现"Define Solution Controls"界面。在"Wrapup Criteria"下进行设置，Cycle limit：10 000 000，Time limit：1，Energy fraction：0.05，其他保持默认。

第12步：输出设置

在导航栏上单击"Output"按钮，出现"Define Output"界面。在"Save"下进行设置，选择"Times""Start time：0""End time：1""Increment：0.01"，其他保持默认。

第13步：开始计算

在导航栏上单击"Run"按钮，开始计算。

5.3 仿真结果

经过计算得到炸药在刚性爆炸的仿真结果，图5-18所示为空气和炸药材料的空间位置随时间的变化规律，图5-19所示为介质压力随时间的变化规律。

第 5 章 炸药在刚性地面上爆炸仿真

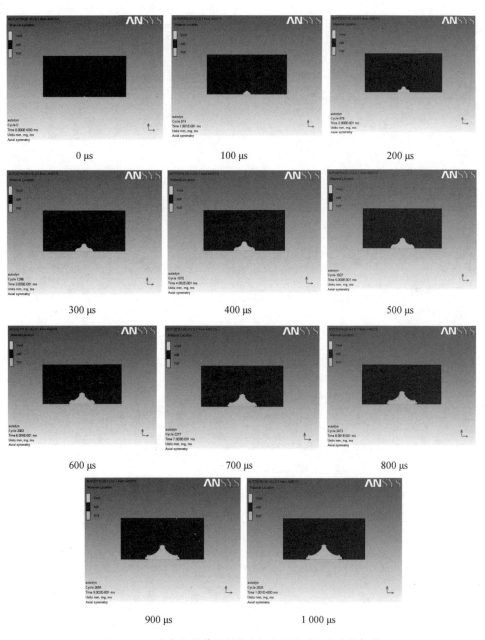

图 5-18 空气和炸药材料的空间位置随时间的变化规律

■ 战斗部爆炸毁伤数值仿真技术

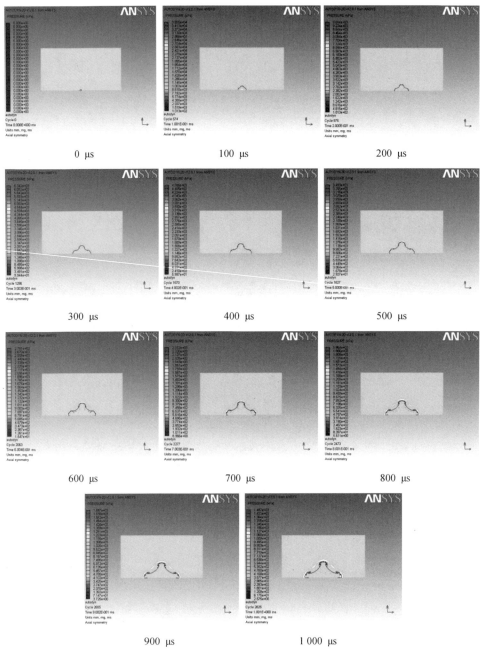

图 5-19 介质压力随时间的变化规律

第 6 章

榴弹爆炸仿真

6.1 问题描述

榴弹是弹丸内装有猛炸药，主要利用爆炸时产生的破片和炸药爆炸的能量以形成杀伤和爆破作用的弹药的总称。榴弹是弹药家族中普通平凡又神通广大的元老级成员，属于战术进攻型压制武器。发射后，弹上引信适时控制弹丸爆炸，用以压制、毁灭敌方的集群有生力量、坦克装甲车辆、炮兵阵地、机场设施、指挥通信系统、雷达阵地、地下防御工事、水面舰艇群等目标，通过对这些面积较大的目标实施中远程打击，使其永久或暂时丧失作战功能，达到消灭敌人或延缓敌方作战行动的目的。

榴弹弹丸通常由引信、弹体、弹带、炸药装药等组成，有些不旋或微旋的弹丸还有稳定装置。本章主要针对自然破片的榴弹弹丸的爆炸过程进行仿真，重点模拟榴弹弹丸壳体的破碎过程。其中榴弹弹体的网格模型由 TrueGrid 建立，采用参数化建模方法，并忽略了引信和弹带部分，炸药为 TNT，弹体采用 4340 钢。仿真模型的基本情况如图 6-1 所示。

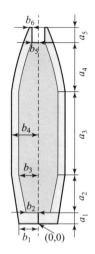

图 6-1 仿真模型的基本情况

6.2 仿真过程

6.2.1 模型建立

采用 TrueGrid 前处理软件建立模型，主要包括榴弹弹丸壳体和内装炸药两部分。

1. 榴弹弹丸壳体的 TG 模型

程序代码如下：

```
autodyn
c 初始化参数
parameter
a1 15 a2 50 a3 140 a4 140 a5 15 b1 34 b2 26 b3 42 b4 52 b5 15 b6 5;
c 初始化网格
cylinder 1 7;1 37;1 7 29 93 149 159;[%b2][%b1];0 90;0 [%a1][%a1+%a2][%a1+%a2+%a3][%a1+%a2+%a3+%a4][%a1+%a2+%a3+%a4+%a5];
c 移动壳体外表面关键点
pb 2 1 2 2 2 2 x [%b1+(%b4-%b1)*%a1/(%a1+%a2)];
pb 2 1 3 2 2 3 x [%b4];
pb 2 1 4 2 2 4 x [%b4];
pb 2 1 6 2 2 6 x [%b5+%b6];
c 移动壳体内表面关键点
pb 1 1 3 1 2 3 x [%b3];
pb 1 1 4 1 2 4 x [%b3];
pb 1 1 5 1 2 5 x [%b5];
pb 1 1 6 1 2 6 x [%b5];
c 建立圆弧部曲面并进行壳体外表面网格映射
ld 1 lp2 [%b4][%a1+%a2+%a3];
```

```
lfil 92 [%b5+%b6][%a1+%a2+%a3+%a4+%a5] -65 300 lp2
[%b5+%b6][%a1+%a2+%a3+%a4+%a5];
sd 1 crz 1
sfi -2;;4 6;sd 1
c 建立圆弧部曲面并进行壳体内表面网格映射
ld 2 lp2 [%b3][%a1+%a2+%a3];
lfil 92 [%b5][%a1+%a2+%a3+%a4] -65 300 lp2 [%b5][%a1+
%a2+%a3+%a4];
sd 2 crz 2
sfi -1;;4 5;sd 2
c 定义主面
bb 1 1 1 1 2 2 1;
cylinder 1 7;1 13;1 7;[%b2/2][%b2];0 90;0 [%a1];
c 将网格与弹壳网格连接
trbb 2 1 1 2 2 2 1;
c 定义第二个主面
bb 1 1 1 1 2 2 2;
c 建立中心网格
cylinder 1 7;1 5;1 7;0 [%b2/2];0 90;0 [%a1];
c 将网格与上个网格连接
trbb 2 1 1 2 2 2 2;
merge
stp 0.0001
c 输出网格
write
```

以上代码生成的榴弹弹丸壳体 TG 模型如图 6-2 所示。

在 TrueGrid 前处理软件安装目录下，将软件生成的名称为"trugrdo"的文件，更名为 shell.zon（修改文件后缀为.zon），并用记事本打开文件，将内容中的 BLK00001～BLK00005 分别更名为 shell01～shell05，实现每个网格文件的更名操作。

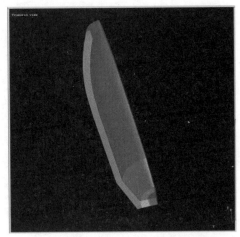

图 6-2 榴弹弹丸壳体的 TG 模型

2. 榴弹内装炸药的 TG 模型

程序代码如下:

```
autodyn
c 初始化参数
parameter
a1 15 a2 50 a3 140 a4 140 a5 15 b1 34 b2 26 b3 42 b4 52 b5 15 b6 5;
c 初始化网格
cylinder 1 5;1 7 13 19 25;1 12 44 72;[%b2/2][%b2];0 90 180 270 360;[%a1][%a1+%a2][%a1+%a2+%a3][%a1+%a2+%a3+%a4];
mti ;2 5;;2
c 移动壳体外表面关键点
pb 2 1 2 2 2 2 x [%b3];
pb 2 1 3 2 2 3 x [%b3];
pb 2 1 4 2 2 4 x [%b5];
c 建立圆弧部曲面并进行壳体外表面网格映射
ld 1 lp2 [%b3][%a1+%a2+%a3];
lfil 92 [%b5][%a1+%a2+%a3+%a4] -65 300 lp2 [%b5][%a1+%a2+%a3+%a4];
sd 1 crz 1
```

```
sfi -2;;3 4;sd 1
c 定义主面
bb 1 1 1 1 2 4 1;
cylinder 1 5;1 3 5 7 9;1 12 44 72;0 [%b2/2];0 90 180 270
360;[%a1][%a1+%a2][%a1+%a2+%a3][%a1+%a2+%a3+%a4];
mti ;2 5;;2
c 将网格与炸药网格连接
trbb 2 1 1 2 2 4 1;
merge
stp 0.0001
c 输出网格
write
```

以上代码生成的榴弹内装炸药 TG 模型如图 6-3 所示。

在 TrueGrid 前处理软件安装目录下，将软件生成的名称为"trugrdo"的文件，更名为 explosive.zon（修改文件后缀为.zon），并用记事本打开文件，将内容中的 BLK00001～BLK00003 分别更名为 expl01～expl03，实现每个网格文件的更名操作。

6.2.2 数值仿真

榴弹静爆仿真的数值仿真过程如下。

第 1 步：确定输出文件夹

打开 AUTODYN 程序，并在菜单中单击"File"→"Export to Version"→"Version 11.0.00a"（或者 5.0.01c/5.0.02b/6.0.01c），出现对话框，如图 6-4 所示，然后单击"Browse"按钮，找到预设的存储文件夹，比如 F:\projectile bursting\，单击"确定"按钮。在"Ident"栏内输入计算文

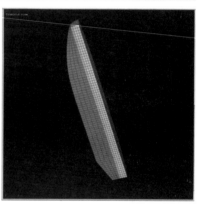

图 6-3 榴弹内装炸药的 TG 模型

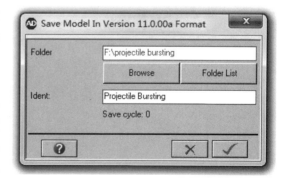

图 6-4 工作目录设定对话框

件名称"Projectile Bursting",单击"√"按钮。

第2步:设置工作名称和单位制

在菜单中单击"Setup"→"Description",出现对话框,如图6-5所示,并按图指定工作名称和单位制,Heading:Projectile Bursting;Description:3D simulation;单位制:mm/mg/ms,单击"√"按钮。

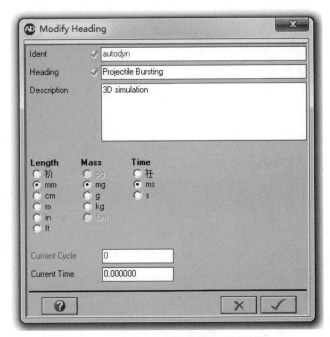

图6-5 工作名称和单位制设定对话框

第3步:选择对称方式

在菜单中单击"Setup"→"Symmetry",出现对话框,如图6-6所示,按图指定对称方式,Model symmetry:3D,关于X轴、Y轴对称,单击"√"按钮。

第4步:定义模型的材料

在导航栏上单击"Materials"按钮,然后单击"Load"按钮进入材料模型库界面,如图6-7所示。选择AIR、STEEL 4340、TNT三种材料模型,单击"√"按钮。备

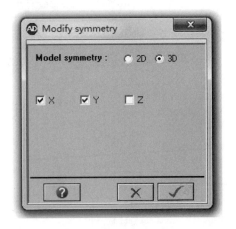

图6-6 对称方式设置对话框

注：按下 Ctrl 键可同时选中多种材料。其中材料模型 STEEL 4340 的状态方程为 Linear，强度模型为 Johnson Cook，失效模型为 None，其余为空。

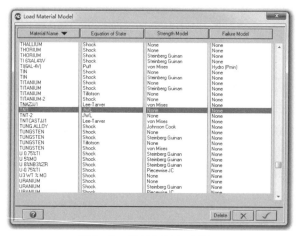

图 6-7　材料模型库对话框

修改材料模型 STEEL 4340 的失效模型为 Principal Stress，参数值 Principal Tensile Failure Stress = 9e5 kPa。选定随机失效模式，随机失效分布类型为 Fixed Seed，其余参数默认，然后修改 Erosion 项为 Failure，如图 6-8 所示，单击"√"按钮。

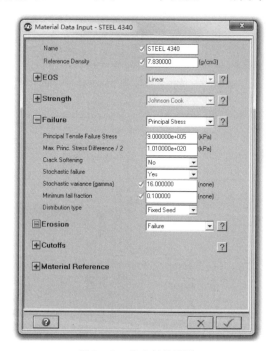

图 6-8　修改材料模型

第 5 步：定义边界条件

在导航栏上单击"Boundaries"按钮，然后单击"New"按钮进入边界条件定义界面，如图 6-9 所示。按图定义边界条件，Name：flow_out，Type：Flow_out，Sub option：Flow out(Euler)，Preferred Material：ALL EQUAL，单击"√"按钮。

第 6 步：建立空气模型

在导航栏上单击"Parts"按钮，然后单击"New"按钮进入模型构建界面，如图 6-10 所示。按图设置，Part name：air，Solver：Euler, 3D Multi-material，Definition：Part wizard，单击"Next"按钮。

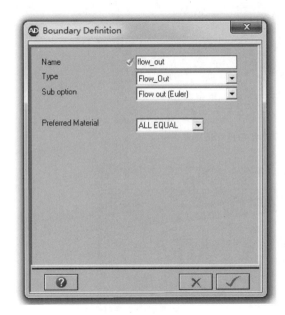 

图 6-9　边界条件定义对话框　　　　图 6-10　模型构建对话框

然后，单击"Box"按钮定义模型形状，如图 6-11 所示。按图设置，X origin：0，Y origin：0，Z origin：-200，DX：250，DY：250，DZ：750，单击"Next"按钮。

接下来，进入了网格划分对话框，如图 6-12 所示。按图中设置对几何模型划分网格，Cells in I direction：40，Cells in J direction：40，Cells in K direction：100，勾选"Grade zoning in I-direction""Fixed size(dx)：2""Times(nI)：1"，起始位置：Lower I，勾选"Grade zoning in J-direction""Fixed size(dy)：2""Times(nJ)：1"，起始位置：Lower J，单击"Next"按钮。

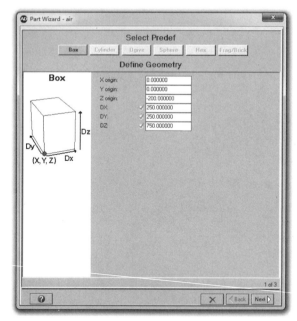

图 6-11　模型形状和尺寸设置对话框

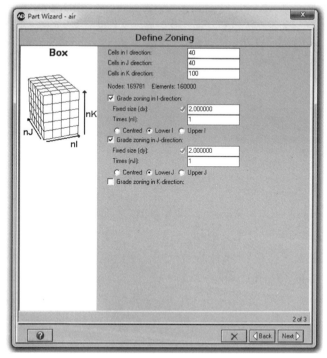

图 6-12　网格划分对话框

接下来进入了模型填充对话框，如图6-13所示。按图中设置对模型进行填充，勾选"Fill part""Material：AIR""Density：0.001 225""Int Energy：2.068e5""X velocity：0""Y velocity：0""Z velocity：0"，其他为默认设置，单击"√"按钮。

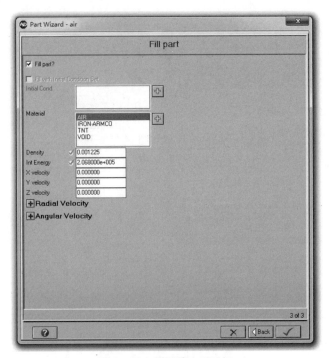

图6-13　模型填充对话框

第7步：在空气欧拉计算网格上填充炸药材料

将TG前处理软件生成的炸药网格模型输入"AUTODYN"中，单击"AUTODYN"主界面上的下拉菜单"Import"选项，在下拉菜单中选中"from TrueGrid(.zon)"选项，将出现"Open TrueGrid(zon) file"对话框，找到前期用TrueGrid生成的炸药网格模型文件explosive.zon，单击"打开"按钮，将出现"TrueGrid Import Facility"对话框。选中EXPL01～EXPL03，默认选项Import selected parts和Lagrange，如图6-14所示，单击"√"按钮。

在导航栏上单击"Parts"按钮，然后单击"Fill"按钮进入模型填充界面，展开"Fill Multiple Parts"，单击"Multi-Fill"按钮，进入"Fill Part"对话框。选中EXPL01～EXPL03，在"Material"中选中TNT材料模型，其他保持默认，如图6-15所示，单击"√"按钮。

■ 战斗部爆炸毁伤数值仿真技术

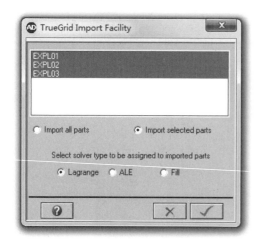
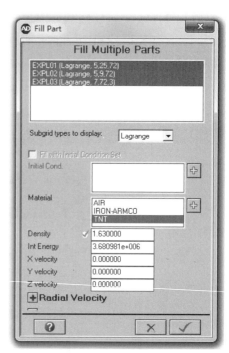

图 6-14 网格模型输入对话框　　　图 6-15 材料填充对话框

然后，在导航栏上单击"Parts"按钮，选中网格"air"，单击"Fill"按钮进入模型填充界面，展开"Additional Fill Options"，单击"Part Fill"按钮，进入"Part Fill"对话框。选中"EXPL01"，在"Material to be replaced"中选中"AIR"，如图 6-16 所示，单击"√"按钮；然后重复以上操作，选中

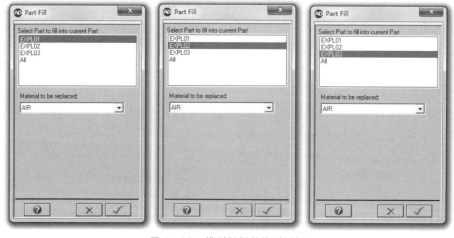

图 6-16 模型材料替代对话框

"EXPL02",在"Material to be replaced"中选中"AIR",如图6-16所示,单击"√"按钮;选中"EXPL03",在"Material to be replaced"中选中"AIR",如图6-16所示,单击"√"按钮。

在导航栏上单击"Parts"按钮,然后单击"Delete"按钮进入"Delete Parts"对话框。选中EXPL01~EXPL03,如图6-17所示,单击"√"按钮,将网格EXPL01~EXPL03删除。

第8步:为空气欧拉网格设定透射边界

在导航栏上单击"Parts"按钮,在"Parts"中选中"air"实体模型,单击"Boundary"按钮进入施加边界条件对话框,然后单击按钮"I Plane",出现"Apply Boundary to Part"对话框,如图6-18所示。按图设置,From I = 41,From J = 1,To J = 41,From K = 1,To K = 101,Boundary:flow_out,单击"√"按钮。

图6-17 删除零件对话框

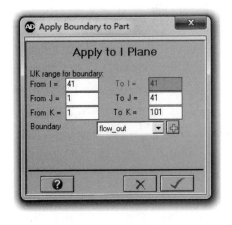

图6-18 边界条件设置对话框(1)

再单击"J Plane"按钮,出现"Apply Boundary to Part"对话框,如图6-19所示。按图设置,From I = 1,To I = 41,From J = 41,From K = 1,To K = 101,Boundary:flow_out,单击"√"按钮。

再单击"K Plane"按钮,出现"Apply Boundary to Part"对话框,如图6-20所示。按图设置,From I = 1,To I = 41,From J = 1,To J = 41,From K = 1,Boundary:flow_out,单击"√"按钮。

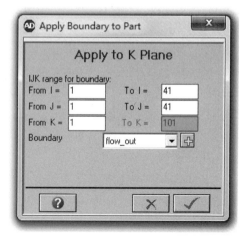

图6-19 边界条件设置对话框（2）　　图6-20 边界条件设置对话框（3）

再单击"K Plane"按钮，出现"Apply Boundary to Part"对话框，如图6-21所示。按图设置，From I=1，To I=41，From J=1，To J=41，From K=101，Boundary：flow_out，单击"√"按钮。

第9步：输入榴弹弹丸壳体的TG模型

将TG前处理软件生成的弹丸壳体网格模型输入"AUTODYN"中，单击"AUTODYN"主界面上的"Import"选项，在下拉菜单中选中"from TrueGrid(.zon)"选项，将出

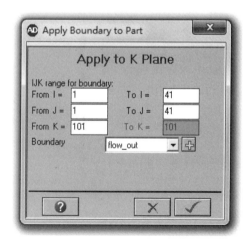

图6-21 边界条件设置对话框（4）

现"Open TrueGrid(zon) file"对话框，找到前期用TrueGrid生成的炸药网格模型文件shell.zon，单击"打开"按钮，将出现"TrueGrid Import Facility"对话框。选中SHELL01～SHELL05，默认选项为"Import selected parts"和"Lagrange"，如图6-22所示，单击"√"按钮。

在导航栏上单击"Parts"按钮，然后单击"Fill"按钮进入模型填充界面，展开"Fill Multiple Parts"，单击"Multi-Fill"按钮，进入"Fill Part"对话框。选中SHELL01～SHELL05，在"Material"中选中"IRON-ARMCO"材料模型，其他保持默认，如图6-23所示，单击"√"按钮。

第6章 榴弹爆炸仿真

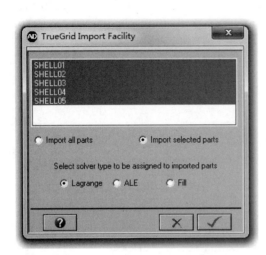

图6-22 网格模型导入对话框

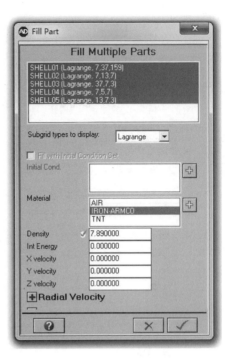

图6-23 模型填充对话框

第10步：对壳体的各部分设置连接

在导航栏上单击"Joins"按钮，出现"Define Joins"界面。然后，在"Node to Node Connections"部分单击"Join"按钮，出现"Join parts"对话框，在"Select part(s)："中选中SHELL01～SHELL05，在"Select part(s) to join to above list："中选中SHELL01～SHELL05，如图6-24所示，单击"√"按钮。

第11步：设置交互作用

在导航栏上单击"Interaction"按钮，然后单击"Interactions"中的"Lagrange/Lagrange"按钮，在"Interaction Gap"中单击"Calculate"按钮，然后在"Interaction by Part"中单击"Add

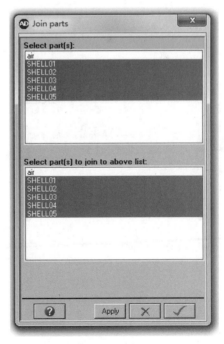

图6-24 连接设置对话框

161

All"按钮,定义"Lagrange"与"Lagrange"的相互作用。

然后,再单击"Interactions"中的"Euler/Lagrange"按钮,在"Coupling Type"中选择"Fully Coupled",其他保持默认。最后,单击"Euler‑Lagrange/Shell interactions:"中的"Select"按钮,出现"Select parts to couple to Euler"对话框,在"Select parts to add/remove:"中选中SHELL01~SHELL05,然后单击"Add all"按钮,如图6-25所示。最后单击"Close"按钮,完成流固耦合交互作用的设置。

第12步:设置起爆点

在导航栏上单击"Detonation"按钮,然后单击"Point"按钮,出现"Define detonations"对话框,如图6-26所示。按图设置,X:0,Y:0,Z:345,其他保持默认,单击"√"按钮。

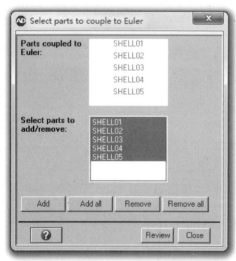

图6-25 交互作用设置对话框

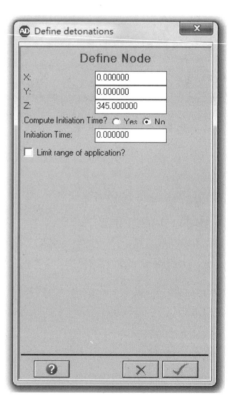

图6-26 起爆点设置对话框

第13步:求解控制

在导航栏上单击"Controls"按钮,出现"Define Solution Controls"界面。然后在"Wrapup Criteria"部分进行设置,Cycle limit:10 000 000,Time limit:

0.1，Energy fraction：0.05，其他保持默认。

第14步：输出设置

在导航栏上单击"Output"按钮，出现"Define Output"界面。在"Save"部分进行设置，选择"Times"，Start time：0，End time：0.1，Increment：0.0005，其他保持默认。

第15步：开始计算

在导航栏上单击"Run"按钮，开始计算。

6.3 仿真结果

经过计算得到榴弹爆炸仿真结果，图6-27为榴弹壳体的破碎过程。通过仿真还可以得到形成的破片数，以及每个破片的参数，如位置、速度等。

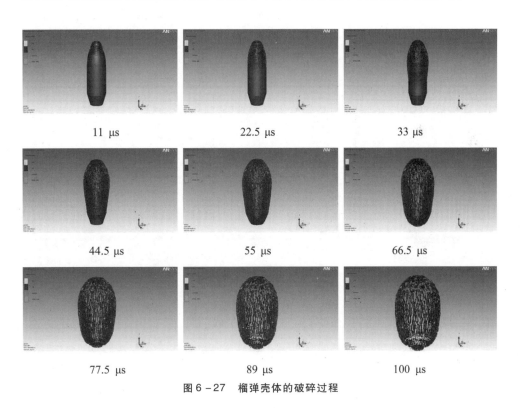

图6-27 榴弹壳体的破碎过程

第 7 章

破甲弹侵彻靶板仿真

7.1 问题描述

一般情况下,"破甲弹"是指成型装药破甲弹,也称空心装药破甲弹或聚能装药破甲弹。破甲弹和穿甲弹是击毁装甲目标的两种有效弹种。穿甲弹靠弹丸或弹芯的动能来击穿装甲,因此,只有高初速火炮才适于配用。而破甲弹是靠成型装药的聚能效应压垮药型罩,形成一束高速金属射流来击穿装甲的,不要求弹丸必须具有很高的弹着速度。因而,破甲弹能够广泛应用在各种加农炮、无坐力炮、坦克炮及反坦克火箭筒上。

19世纪发现了带有凹槽装药的聚能效应。在第二次世界大战前期,发现在炸药装药凹槽上衬以薄金属罩时,装药产生的破甲威力大大增强,致使聚能效应得到广泛应用。1936—1939年在西班牙内战期间,破甲弹开始得到应用。随着坦克装甲的发展,破甲弹出现了许多新的结构。例如,为了对付复合装甲和反应装甲爆炸块,出现了串联聚能装药破甲弹;为了提高破甲弹的后效作用,还出现了炸药装药中加杀伤元素或燃烧元素等随进物的破甲弹,以增加杀伤、燃烧作用;为了克服破甲弹旋转给破甲威力带来的不利影响,采用了错位式抗旋药型罩和旋压药型罩。

目前,许多反坦克导弹都采用了成型装药破甲战斗部;在榴弹炮发射的子母弹(雷)中也普遍使用了成型装药破甲子弹(雷);在工程爆破、石油勘探中,采用成型装药的聚能爆破、石油射孔也得到广泛使用。由此可见,对成型装药聚能效应的研究，无论是在军事上还是民用上，都具有十分重要的意义。图 7-1 所示是某型破甲弹侵彻均值装甲在装甲正、背面的破坏情况。

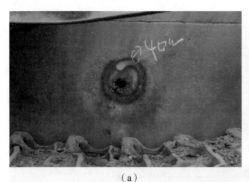 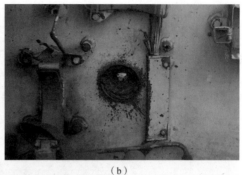

(a)　　　　　　　　　　　　　　(b)

图 7-1　某型破甲弹侵彻装甲的破坏情况
(a) 正面；(b) 背面

本章主要针对破甲弹侵彻均值装甲的过程进行仿真，重点模拟破甲弹形成金属射流的过程和金属射流贯穿靶板的过程。由于模型为轴对称，所以采用二维模型进行仿真。仿真模型的基本情况如图 7-2 所示。

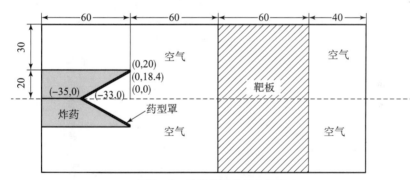

图 7-2　仿真模型的基本情况

7.2　仿真过程

破甲弹侵彻靶板仿真的数值仿真过程如下。
第 1 步：确定输出文件夹
打开 AUTODYN 程序，依次单击 "File"→"Export to Version"→"Version

11.0.00a"（或者5.0.01c/5.0.02b/6.0.01c），出现图7-3所示对话框，然后单击"Browse"按钮，找到预设的存储文件夹，比如F:\Shaped Charge\，单击"确定"按钮。在"Ident"栏内输入计算文件名称"Penetration of Shaped Charge Jets"，单击"√"按钮。

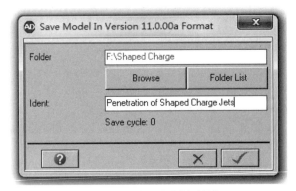

图7-3 工作目录设置对话框

第2步：设置工作名称和单位制

在菜单中单击"Setup"→"Description"，出现图7-4所示的对话框，按图指定工作名称和单位制，Heading：Penetration of Shaped Charge Jets；Description：2D simulation；单位制：mm/mg/ms，单击"√"按钮。

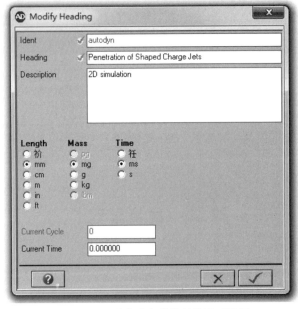

图7-4 工作名称和单位制设置对话框

第 3 步：选择对称方式

在菜单中单击"Setup"→"Symmetry"，出现图 7-5 所示的对话框，按图指定对称方式，Model symmetry：2D，对称方式设定为"Axial"，单击"√"按钮。

第 4 步：定义模型的材料

在导航栏上单击"Materials"按钮，然后单击"Load"按钮进入材料模型库界面，如图 7-6 所示。选择 AIR、COPPER、IRON-ARMCO、TNT 四种材料模型，单击"√"按钮。备注：按下 Ctrl 键可同时选中多种材料。其中，材料模型 COPPER 的状态方程为 Shock，强度模型为 Piecewise JC，其余为空；材料模型 IRON-ARMCO 的状态方程为 Linear，强度模型为 Johnson Cook，失效模型为 Johnson Cook，其余为空。

图 7-5　对称方式设置对话框

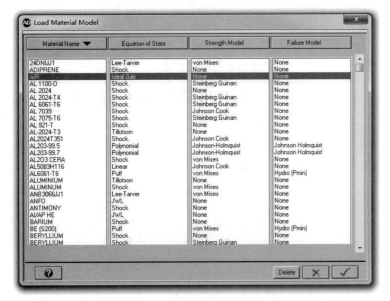

图 7-6　材料模型库对话框

修改材料模型"IRON-ARMCO"的"Erosion"项为"Geometric Strain"，参数 Erosion Strain：2.5，Type of Geometric Strain：Instantaneous，如图 7-7 所示。

第 5 步：定义边界条件

在导航栏上单击"Boundaries"按钮，然后单击"New"按钮进入边界条件定义对话框，如图 7-8 所示。按图定义边界条件，Name：flow_out，Type：Flow_Out，Sub option：Flow out(Euler)，Preferred Material：ALL EQUAL，单击"√"按钮。

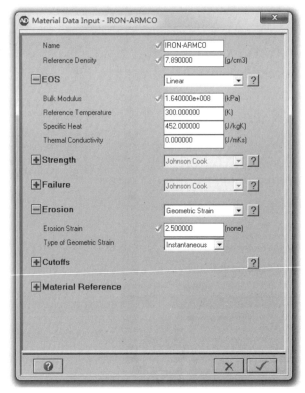

图 7 - 7　材料模型对话框

图 7 - 8　边界条件定义对话框（1）

在导航栏上单击"Boundaries"按钮,单击"New"按钮进入边界条件定义界面,如图7-9所示。按图定义边界条件,Name:fixed_x,Type:Velocity,Sub option:X-velocity(Constant),ConstantX velocity:0,单击"√"按钮。

第6步:建立欧拉计算网格

在导航栏上单击"Parts"按钮,然后单击"New"按钮进入模型构建对话框,如图7-10所示。按图设置,Part name:simuspace,Solver:Euler,2D Multi-material,Definition:Part wizard,单击"Next"按钮。

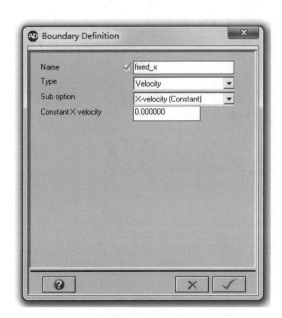 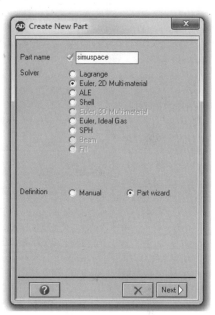

图7-9 边界条件定义对话框(2)　　　图7-10 模型构建对话框

单击"Box"按钮定义模型形状,如图7-11所示。按图设置,X origin:-60,Y origin:0,DX:220,DY:50,单击"Next"按钮。

进入网格划分对话框,如图7-12所示。按图中设置对几何模型划分网格,Cells in I direction:220,Cells in J direction:70,勾选"Grade zoning in J-direction",Fixed size(dy):0.5,Times(nJ):40,起始位置:Lower J,单击"Next"按钮。

进入模型填充对话框,如图7-13所示。按图中设置对模型进行填充,勾选"Fill part",Material:AIR,Density:0.001 225,Int Energy:2.068e5,X velocity:0,Y velocity:0,其他为默认设置,单击"√"按钮。

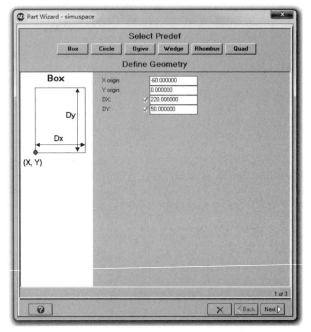

图 7-11 模型形状和尺寸设置对话框

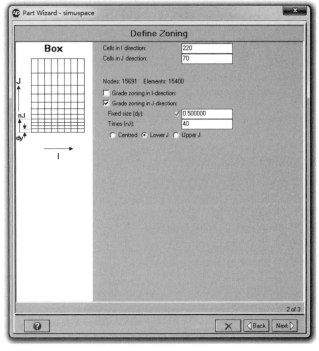

图 7-12 网格划分对话框

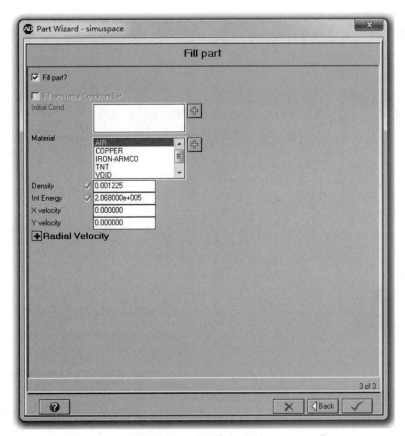

图 7-13 模型填充对话框

第 7 步：在欧拉计算网格上填充材料

将炸药材料模型 TNT 填充到欧拉计算网格上：在导航栏上单击"Parts"按钮，选中"Parts"中的"simuspace"，然后单击"Fill"按钮，在"Fill by Geometrical Space"中单击"Quad"按钮，出现"Fill Quad"对话框，如图 7-14 所示。按图设置，X1：-60，Y1：0；X2：-35，Y2：0；X3：0，Y3：20；X4：-60，Y4：20，填充方式：Inside，Material：TNT，Density：1.63，Int Energy：3.680 981e6，其他保持默认，单击"√"按钮。

将金属铜的材料模型 COPPER 填充到欧拉计算网格上：在导航栏上单击"Parts"按钮，选中"Parts"中的"simuspace"，然后单击"Fill"按钮，在"Fill by Geometrical Space"中单击"Quad"按钮，出现"Fill Quad"对话框，如图 7-15 所示。按图设置，X1：-35，Y1：0；X2：-33，Y2：0；X3：0，Y3：18.4；X4：0，Y4：20，填充方式：Inside，Material：COPPER，其他保持默认，单击"√"按钮。

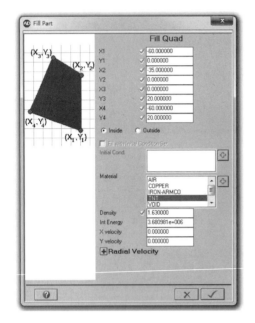

图 7-14 在网格上填充材料对话框（1）　　图 7-15 在网格上填充材料对话框（2）

第 8 步：为欧拉网格设定透射边界

在导航栏上单击"Parts"按钮，在"Parts"中选中"simuspace"实体模型，单击"Boundary"按钮进入加载边界条件对话框，然后单击"I Line"按钮，出现"Apply to I Line"对话框，如图 7-16 所示。按图设置，From I = 1，From J = 1，To J = 71，Boundary：flow_out，单击"√"按钮。

单击"I Line"按钮，出现"Apply to I Line"对话框，如图 7-17 所示。按图设置，From I = 221，From J = 1，To J = 71，Boundary：flow_out，单击"√"按钮。

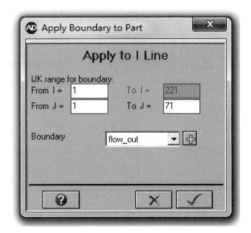

图 7-16 加载边界条件对话框

单击"J Line"按钮，出现"Apply to J Line"对话框，如图 7-18 所示。按图设置，From I = 1，To I = 221，From J = 71，Boundary：flow_out，单击"√"按钮。

第 7 章 破甲弹侵彻靶板仿真

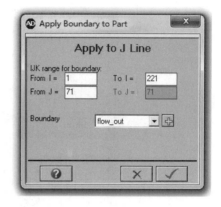

图 7-17 加载边界条件（1）　　　图 7-18 加载边界条件（2）

第 9 步：建立靶板模型

在导航栏上单击"Parts"按钮，然后单击"New"按钮进入模型构建对话框，如图 7-19 所示。按图设置，Part name：target，Solver：Lagrange，Definition：Part wizard，单击"Next"按钮。

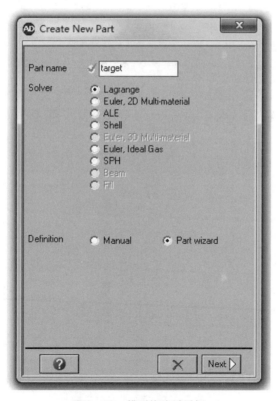

图 7-19 模型构建对话框

单击"Box"按钮定义模型形状,如图 7-20 所示。按图设置,X origin:60,Y origin:0,DX:60,DY:50,单击"Next"按钮。

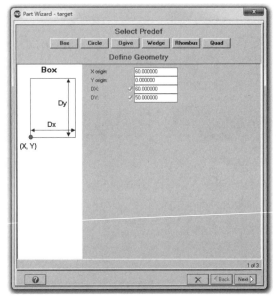

图 7-20　模型形状和尺寸设置对话框

进入网格划分对话框,如图 7-21 所示。按图中设置对几何模型进行网格

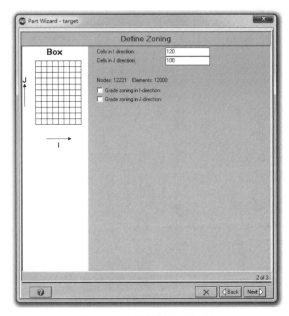

图 7-21　网格划分对话框

划分，Cells in I direction：120，Cells in J direction：100，其他不变，单击"Next"按钮。

在"Material"选框中选择"IRON – ARMCO"，其他不变，如图 7 – 22 所示，单击"√"按钮。

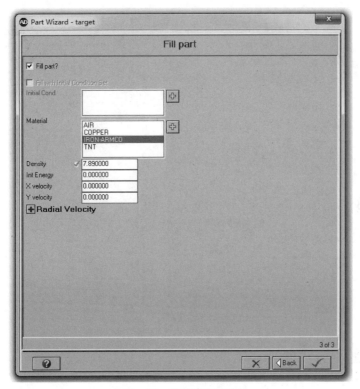

图 7 – 22　模型填充对话框

第 10 步：对靶板施加约束

在导航栏上单击"Parts"按钮，在"Parts"中选中"target"实体模型，单击"Boundary"按钮进入加载边界条件界面，然后单击"J Line"按钮，出现"Apply to J Line"对话框，如图 7 – 23 所示。按图设置，From I = 1，To I = 121，From J = 101，Boundary：fixed_x，单击"√"按钮。

第 11 步：设置交互作用

在导航栏上单击"Interaction"按钮，然后单击"Interactions"中的"Lagrange/Lagrange"按钮，在"Interaction Gap"中单击"Calculate"按钮，然后在"Interaction by Part"中单击"Add All"按钮，定义 Lagrange 与 Lagrange 的相互作用。

单击"Interactions"中的"Euler/Lagrange"按钮，在"Select Euler/Lagrange Coupling Type"中选择"Automatic（polygon free）"。

第12步：设置起爆点

在导航栏上单击"Detonation"按钮，然后单击"Point"按钮，出现"Define detonations"对话框，如图7-24所示。按图设置，X：-60，Y：0，其他保持默认，单击"√"按钮。

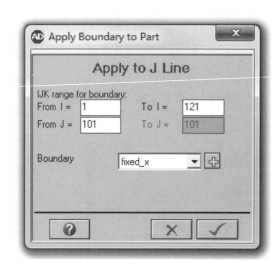
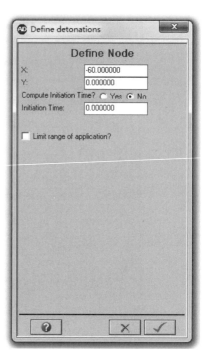

图7-23 加载边界条件对话框　　图7-24 起爆点设置对话框

第13步：求解控制

在导航栏上单击"Controls"按钮，出现"Define Solution Controls"对话框。在"Wrapup Criteria"部分进行设置，Cycle limit：10 000 000，Time limit：0.15，Energy fraction：0.05，其他保持默认。

第14步：输出设置

在导航栏上单击"Output"按钮，出现"Define Output"界面。在"Save"部分进行设置，选择"Times"，Start time：0，End time：0.15，Increment：0.001，其他保持默认。

第15步：开始计算

在导航栏上单击"Run"按钮，开始计算。

7.3 仿真结果

经过仿真计算,得到破甲弹侵彻均质装甲过程的仿真结果。图 7-25 和图 7-26 分别表示了破甲弹形成金属射流的过程和金属射流贯穿靶板的过程,其中,图 7-25 表示了材料的变化情况,图 7-26 表示了压力的变化情况。

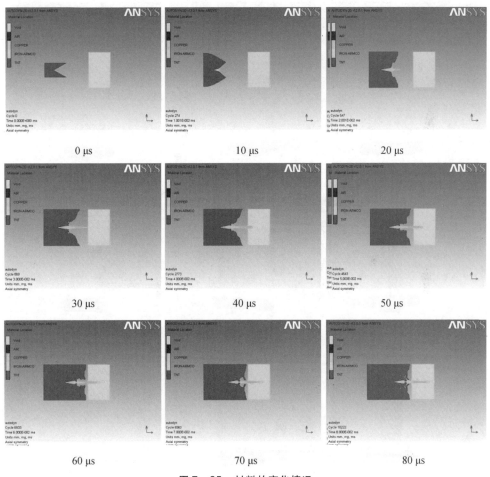

图 7-25 材料的变化情况

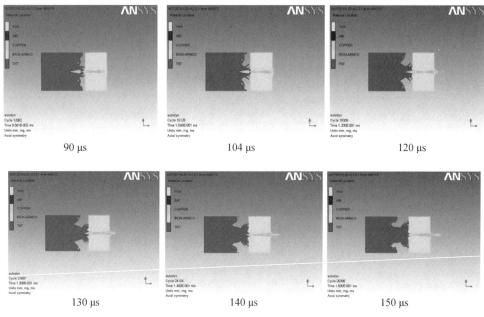

图 7-25 材料的变化情况（续）

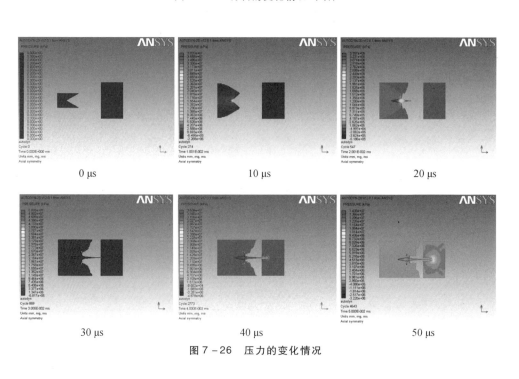

图 7-26 压力的变化情况

第 7 章 破甲弹侵彻靶板仿真

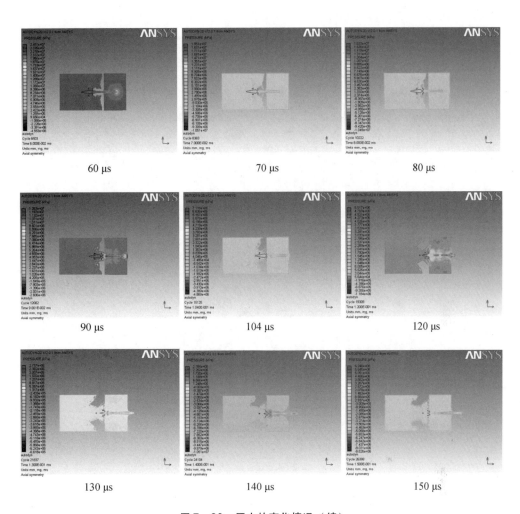

图 7-26 压力的变化情况（续）

第 8 章

预制破片弹药爆炸仿真

8.1 问题描述

破片是弹药爆炸毁伤作用中一种重要的毁伤元,破片效应是这种毁伤元对人员和装备等目标的破坏作用。为了提高自然破片榴弹的杀伤能力,可在内部预先放置大量破片,以提高榴弹爆炸后形成的破片数量,提高杀伤效果。图 8 - 1 所示为某型弹药的内部,可以发现内置了大量的预制破片。

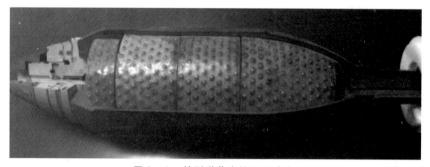

图 8 - 1　某型弹药中的预制破片

本章主要针对预制破片弹药的爆炸过程进行仿真,重点模拟预制破片弹药壳体的破碎,以及预制破片的飞散情况。仿真模型的基本情况如图 8 - 2 所示,模型中共有块状预制破片 140 枚,预制破片外部有 3 mm 的薄壳,弹体内为 TNT 炸药。

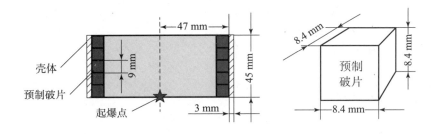

图 8-2 仿真模型的基本情况

8.2 仿真过程

8.2.1 模型建立

采用 TrueGrid 前处理软件建立预制破片网格模型,其余模型因比较简单,在 AUTODYN 软件中建立。

模型共建立 $28 \times 5 = 140$ 枚块状预制破片,程序代码如下:

```
autodyn
c 初始化参数
parameter
R 47 chang 8.4 kuan 8.4 gao 8.4 yuliang 0.3 num 28 lie 5;
gct[%lie] mz [%gao+%yuliang*2] rz [360/%num/2]; repe [%lie];
c 生成基本预制破片
block 1 3; 1 3; 1 3;
[%R-%kuan-%yuliang] [%R-%yuliang];
[-%chang/2+%yuliang] [%chang/2-%yuliang];
[0+%yuliang] [%gao+%yuliang];
c 复制生成全部预制破片
lct %num rz [360/%num]; repe %num;
grep 0 1 2 3 4;
```

```
    lrep 0 1 2 3 4 5 6 7 8 9 10 11 12 13 14 15 16 17 18 19 20 21 22
23 24 25 26 27;
    endpart
    merge
    stp 0.0001
    c 输出网格
    write
```

以上命令流可生成140枚预制破片，如图8-3所示。

在TrueGrid前处理软件安装目录下，将软件生成的名称为"trugrdo"的文件更名为Premade Fragments.zon（修改文件后缀为.zon），并用记事本打开文件，将内容中的BLK00001~BLK00140分别更名为PREFG001~PREFG140，实现每个网格文件的更名操作。

图8-3 预制破片的网格模型

8.2.2 数值仿真

预制破片弹药爆炸的数值仿真过程如下。

第1步：确定输出文件夹

打开AUTODYN程序，并在菜单中单击"File"→"Export to Version"→"Version 11.0.00a"（或者5.0.01c/5.0.02b/6.0.01c），出现图8-4所示对话框。然后单击"Browse"按钮找到预设的存储文件夹，比如F:\Premade Fragments\，单击

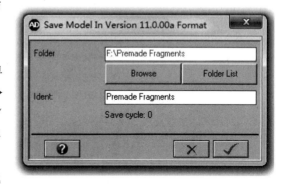

图8-4 工作目录设置对话框

"确定"按钮。在"Ident"栏内输入计算文件名称"Premade Fragments"，单击"√"按钮。

第2步：设置工作名称和单位制

在菜单中单击"Setup"→"Description"，出现图8-5所示的对话框，按图指定工作名称和单位制，Heading：Premade Fragments；Description：3D simulation；单位制：mm/mg/ms，单击"√"按钮。

第 8 章　预制破片弹药爆炸仿真

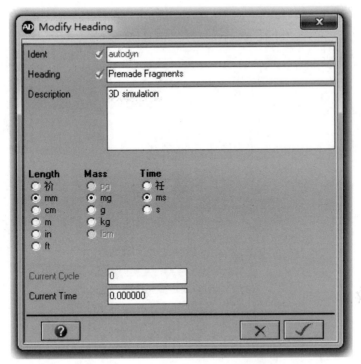

图 8-5　工作名称和单位制设置对话框

第 3 步：选择对称方式

在菜单中单击"Setup"→"Symmetry"，出现图 8-6 所示的对话框，按图指定对称方式，Model symmetry：3D，其余保持默认，单击"√"按钮。

第 4 步：定义模型的材料

在导航栏上单击"Materials"按钮，然后单击"Load"按钮进入材料模型库界面，如图 8-7 所示。选择 AIR、STEEL 4340、TNT、TUNG. ALLOY 四种材料模型，单击"√"按钮。备注：按下 Ctrl 键可同时选中多种材料。

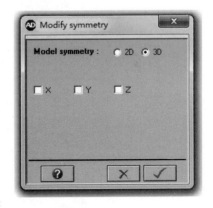

图 8-6　对称方式设置对话框

其中，材料模型 STEEL 4340 的状态方程为 Linear，强度模型为 Johnson Cook，失效模型为 None，其余为空。

修改材料模型 STEEL 4340 的失效模型为"Principal Stress"，参数值 Principal Tensile Failure Stress = 9e5 kPa，选定随机失效模式，随机失效分布类型为"Fixed Seed"，其余参数默认，然后修改 Erosion 项为 Failure，如图 8-8 所示。

■ 战斗部爆炸毁伤数值仿真技术

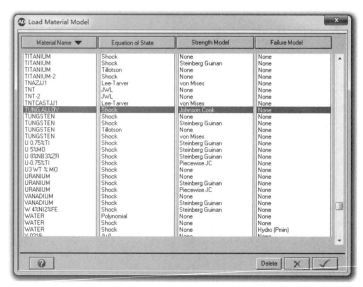

图 8-7 材料模型库对话框

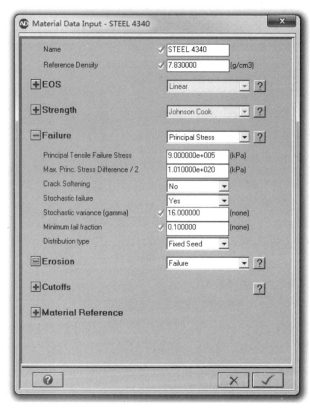

图 8-8 材料模型对话框

第 5 步：定义边界条件

在导航栏上单击"Boundaries"按钮，然后单击"New"按钮进入边界条件定义界面，如图 8 - 9 所示。按图定义边界条件，Name：flow_out，Type：Flow_Out，Sub option：Flow out（Euler），Preferred Material：ALL EQUAL，单击"√"按钮。

第 6 步：建立空气模型

在导航栏上单击"Parts"按钮，然后单击"New"按钮进入模型构建界面，如图 8 - 10 所示。按图设置，Part name：air，Solver：Euler，3D Multi - material，Definition：Part wizard，单击"Next"按钮。

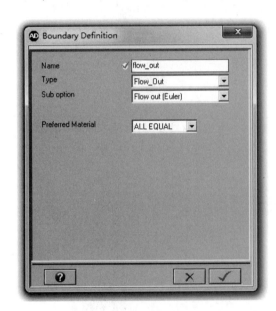

图 8 - 9 边界条件定义对话框　　　　图 8 - 10 模型构建对话框

单击"Box"按钮定义模型形状，如图 8 - 11 所示。按图设置，X origin：- 250，Y origin：- 250，Z origin：- 200，DX：500，DY：500，DZ：553，单击"Next"按钮。

进入网格划分对话框，如图 8 - 12 所示。按图中设置对几何模型划分网格，Cells in I direction：40，Cells in J direction：40，Cells in K direction：45，勾选"Grade zoning in I - direction"，设置 Fixed size（dx）：2，Times（nI）：1，起始位置：Centred，勾选"Grade zoning in J - direction"，设置 Fixed size（dy）：2，Times（nJ）：1，起始位置：Centred，单击"Next"按钮。

■ 战斗部爆炸毁伤数值仿真技术

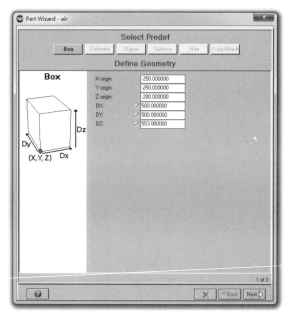

图 8-11 模型形状和尺寸设置对话框

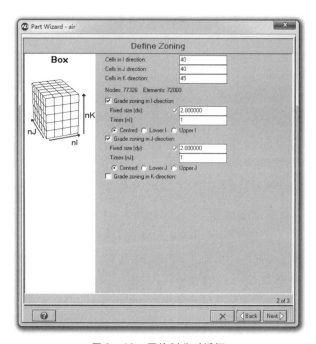

图 8-12 网格划分对话框

进入模型填充对话框，如图 8-13 所示。按图中设置对模型进行填充，勾选"Fill part"，Material：AIR，Density：0.001 225，Int Energy：2.068e5，X velocity：0，Y velocity：0，Z velocity：0，其他为默认设置，单击"√"按钮。

第 7 步：建立炸药的填充模型

在导航栏上单击"Parts"按钮，然后单击"New"按钮进入模型构建对话框，如图 8 – 14 所示。按图设置，Part name：TNT，Solver：Fill，Definition：Part wizard，单击"Next"按钮。

图 8 – 13 模型填充对话框　　　　　图 8 – 14 模型构建对话框

单击"Cylinder"按钮定义模型形状，如图 8 – 15 所示。按图设置，选中"Whole"和"Solid"选项，X origin：0，Y origin：0，Z origin：0，Start Radius：38，End Radius：38，Length（L）：45，其余保持默认，单击"Next"按钮。

进入网格划分对话框，如图 8 – 16 所示。按图中设置对几何模型划分网格，Mesh Type：Type 2，Cells across radius（nR）：15，Cells along length（nL）：30，单击"Next"按钮。

进入模型填充对话框，如图 8 – 17 所示。按图中设置对模型进行填充，勾选"Fill part"，Material：TNT，Density：1.63，Int Energy：3.680981e + 006，X velocity：0，Y velocity：0，Z velocity：0，其他为默认设置，单击"√"按钮。

■ 战斗部爆炸毁伤数值仿真技术

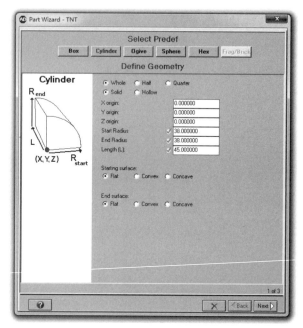

图 8-15 模型形状和尺寸设置对话框

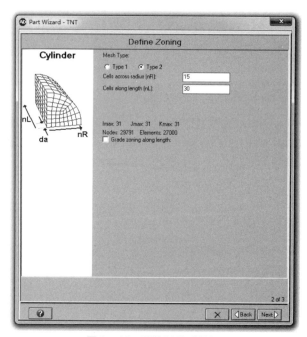

图 8-16 网格划分对话框

第 8 章　预制破片弹药爆炸仿真

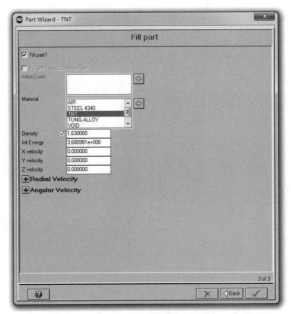

图 8-17　模型填充对话框

第 8 步：在空气欧拉计算网格上填充炸药材料

在导航栏上单击"Parts"按钮，选中网格"air"，然后单击"Fill"按钮进入模型填充界面。展开"Additional Fill Options"，单击"Part Fill"按钮，进入"Part Fill"对话框。在"Select Part to fill into current Part"中选中"TNT"，在"Material to be replaced"中选中"AIR"材料模型，其他保持默认，如图 8-18 所示，单击"√"按钮。

在导航栏上单击"Parts"按钮，然后单击"Delete"按钮进入"Delete Parts"对话框。选中"TNT"，如图 8-19 所示，单击"√"按钮，将填充网格 TNT 删除。

图 8-18　材料模型替代对话框

第 9 步：为空气欧拉网格设定透射边界

在导航栏上单击"Parts"按钮，在"Parts"中选中"air"实体模型，单击"Boundary"按钮进入施加边界条件对话框，然后单击"I Plane"按钮，出现"Apply Boundary to Part"对话框，如图 8-20 所示。按图设置，From I = 1，From J = 1，To J = 41，From K = 1，To K = 46，Boundary：flow_out，单击"√"按钮。

再单击"I Plane"按钮，出现"Apply Boundary to Part"对话框，如图 8-21 所示。按图设置，From I = 41，From J = 1，To J = 41，From K = 1，To K = 46，Boundary：flow_out，单击"√"按钮。

图 8-19 零件删除对话框

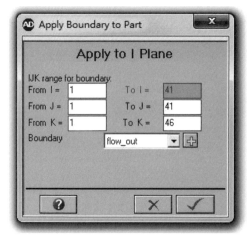

图 8-20 在 I 平面上应用边界条件（1）

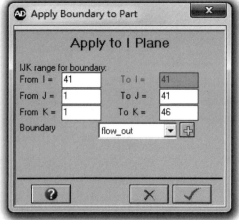

图 8-21 在 I 平面上应用边界条件（2）

单击"J Plane"按钮，出现"Apply Boundary to Part"对话框，如图 8-22 所示。按图设置，From I = 1，To I = 41，From J = 1，From K = 1，To K = 46，Boundary：flow_out，单击"√"按钮。

再单击按钮"J Plane"，出现"Apply Boundary to Part"对话框，如图 8-23 所示。按图设置，From I = 1，To I = 41，From J = 41，From K = 1，To K =

46，Boundary：flow_out，单击"√"按钮。

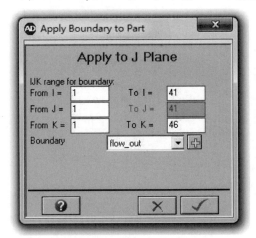

图 8 - 22　在 J 平面上应用边界条件（1）

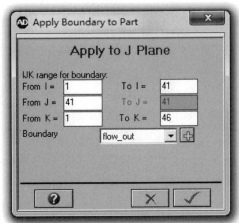

图 8 - 23　在 J 平面上应用边界条件（2）

单击"K Plane"按钮，出现"Apply Boundary to Part"对话框，如图 8 - 24 所示。按图设置，From I = 1，To I = 41，From J = 1，To J = 41，From K = 1，Boundary：flow_out，单击"√"按钮。

再单击"K Plane"按钮，出现"Apply Boundary to Part"对话框，如图 8 - 25 所示。按图设置，From I = 1，To I = 41，From J = 1，To J = 41，From K = 46，Boundary：flow_out，单击"√"按钮。

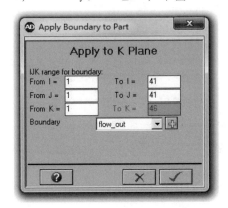

图 8 - 24　在 K 平面上应用边界条件（1）

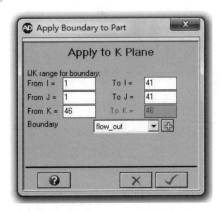

图 8 - 25　在 K 平面上应用边界条件（2）

第 10 步：输入预制破片的 TG 模型

将 TG 前处理软件生成的预制破片网格模型输入 AUTODYN 中，单击 AUTODYN 主界面上的下拉菜单"Import"选项，在下拉菜单中选中"from True-

Grid（.zon）"选项，将出现"Open TrueGrid（zon）file"对话框，找到前期用 TrueGrid 生成的预制破片网格模型文件"Premade Fragments.zon"，单击"打开"按钮，将出现"TrueGrid Import Facility"对话框。选中 PREFG001 ~ PREFG140，默认选项"Import selected parts"和"Lagrange"，如图 8 – 26 所示，单击"√"按钮。

在导航栏上单击"Parts"按钮，然后单击"Fill"按钮进入模型填充界面，展开"Fill Multiple Parts"，单击"Multi – Fill"按钮，进入"Fill Part"对话框。选中 PREFG001 ~ PREFG140，在"Material"中选中"TUNG.ALLOY"材料模型，其他保持默认，如图 8 – 27 所示，单击"√"按钮。

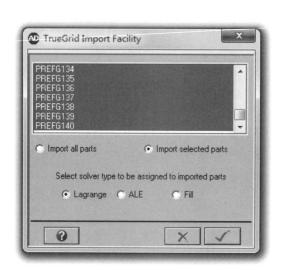

图 8 – 26　网格模型导入对话框

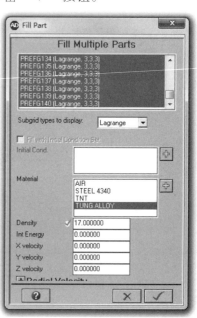

图 8 – 27　多零件填充对话框

第 11 步：建立壳体模型

在导航栏上单击"Parts"按钮，然后单击"New"按钮进入模型构建界面，如图 8 – 28 所示。按图设置，Part name：shell，Solver：Lagrange，Definition：Part wizard，单击"Next"按钮。

单击"Cylinder"按钮定义模型形状，如图 8 – 29 所示。按图设置，圆柱类型：Whole 和 Hollow；X origin：0，Y origin：0，Z origin：0，Start Outer radius（R）：50，End Outer radius（R）：50，Start Inner radius（r）：47，End Inner radius（r）：47，Length（L）：45，单击"Next"按钮。

第8章 预制破片弹药爆炸仿真

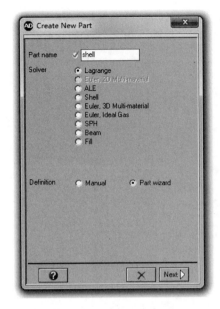 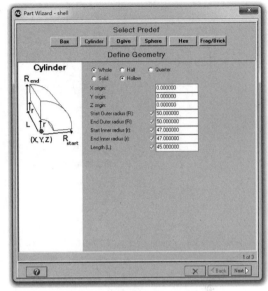

图 8-28 模型构建对话框　　　　图 8-29 模型形状和尺寸设置对话框

进入网格划分对话框，如图 8-30 所示。按图中设置对几何模型划分网格，Cells across radius（nR）：3，Cells about circumference（nC）：120，Cells along length（nL）：30，其他为默认设置，单击"Next"按钮。

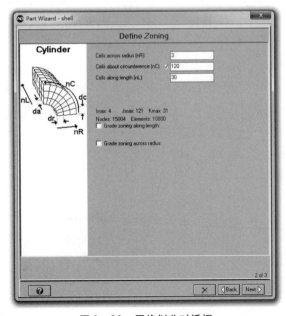

图 8-30 网格划分对话框

进入模型填充对话框,如图8-31所示。按图中设置对模型进行填充,勾选"Fill part",Material:STEEL 4340,其他为默认设置,单击"√"按钮。

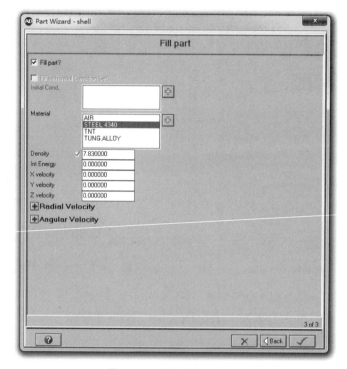

图8-31 模型填充对话框

第12步:设置交互作用

在导航栏上单击"Interaction"按钮,然后单击"Interactions"中的"Lagrange/Lagrange"按钮,在"Interaction Gap"中单击"Calculate"按钮,然后在"Interaction by Part"中单击"Add All"按钮,定义Lagrange与Lagrange的相互作用。

单击"Interactions"中的"Euler/Lagrange"按钮,在"Coupling Type"中选择"Fully Coupled",其他保持默认。最后,单击"Euler-Lagrange/Shell interactions"中的"Select"按钮,出现"Select parts to couple to Euler"对话框,单击"Add all"按钮,为PREFG001~PREFG140和shell设置流固耦合交互作用,如图8-32所示,最后单击"Close"按钮。

第13步:设置起爆点

在导航栏上单击"Detonation"按钮,然后单击"Point"按钮,出现"Define detonations"对话框,如图8-33所示。按图设置,X:0,Y:0,Z:0,其他保持默认,单击"√"按钮。

第 8 章　预制破片弹药爆炸仿真

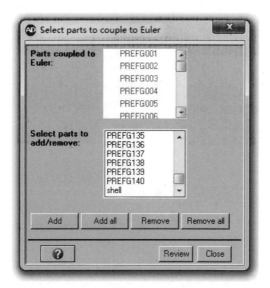

图 8-32　交互作用设置对话框

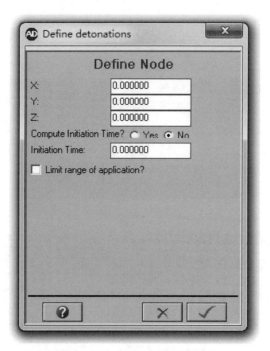

图 8-33　起爆点设置对话框

第 14 步：求解控制

在导航栏上单击"Controls"按钮，出现"Define Solution Controls"界面。然后在"Wrapup Criteria"部分进行设置，Cycle limit：10 000 000，Time limit：

0.2，Energy fraction：0.15，其他保持默认。

第15步：输出设置

在导航栏上单击"Output"按钮，出现"Define Output"界面。在"Save"部分进行设置，选择"Times"，Start time：0，End time：0.2，Increment：0.000 5，其他保持默认。

第16步：开始计算

在导航栏上单击"Run"按钮，开始计算。

8.3 仿真结果

经过计算得到预制破片弹药爆炸过程仿真结果。图8-34和图8-35分别表示了壳体及预制破片的运动情况和压力的变化情况，其中，图8-34表现了壳体的破裂过程和预制破片的飞散，图8-35表现了预制破片弹药爆炸过程中壳体和预制破片上的应力变化情况。

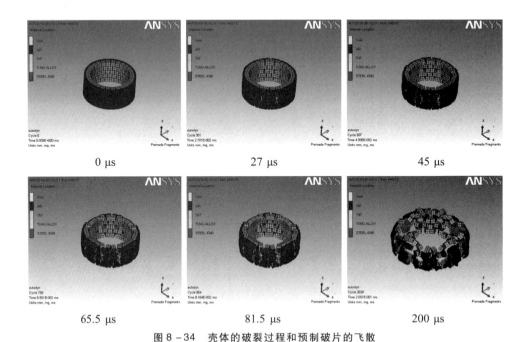

图8-34 壳体的破裂过程和预制破片的飞散

第 8 章　预制破片弹药爆炸仿真

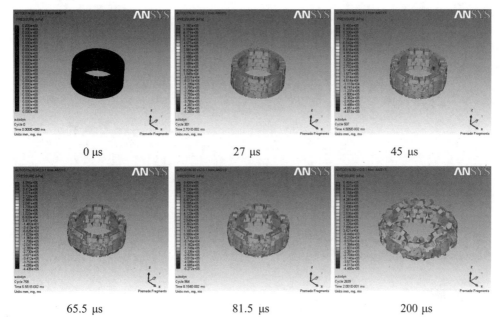

0 μs　　　　　　　　27 μs　　　　　　　　45 μs

65.5 μs　　　　　　　81.5 μs　　　　　　　200 μs

图 8-35　压力的变化情况

第 9 章

钝头弹在空气中的飞行仿真

9.1 问题描述

弹丸的飞行是弹道计算人员研究的主要课题之一，研究的方向包括弹丸飞行姿态、飞行阻力、激波等。弹形的减阻作用在于尖头弹比钝头弹更易穿越空气，而流线型弹尾比圆柱形弹尾的弹底阻力也要小些。既以亚声速又以超声速飞行的弹丸，其弹头与弹尾都应为流线型。阻力对弹丸的影响如图9-1所示，从图中可见，亚声速飞行时，弹尾形状具有决定作用；而超声速飞行时，弹头形状的影响更大。

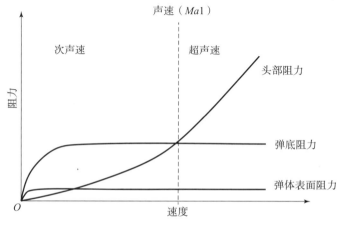

图9-1 阻力对弹丸的影响

本章主要针对钝头弹在空气中的飞行过程进行仿真，重点模拟弹丸飞行在空气中产生的激波现象。由于钝头弹的头部形状会产生比尖头弹更明显的激波，飞行阻力也会更大，如图 9-2 所示。

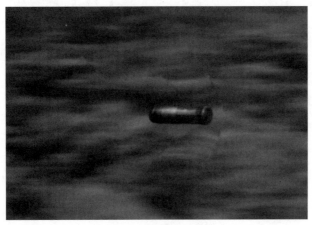

图 9-2　钝头弹的飞行

仿真模型的基本情况如图 9-3 所示。其中钝头弹为长 150 mm、直径 60 mm 的圆柱，它以 1 000 m/s 的速度突然开始运动，突然的启动会产生一个激波的建立过程，本章就来模拟这一过程。

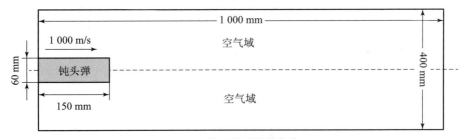

图 9-3　仿真模型的基本情况

9.2　仿真过程

破甲弹侵彻靶板仿真的数值仿真过程如下。

第 1 步：确定输出文件夹

打开 AUTODYN 程序，并在菜单中单击"File"→"Export to Version"→"Version 11.0.00a"（或者 5.0.01c/5.0.02b/6.0.01c），出现图 9-4 所示对话框。然后单击"Browse"，找到预设的存储文件夹，比如 F:\projectile flighting\，单击"确定"按钮。在"Ident"栏内输入计算文件名称 projectile flighting，单击"√"按钮。

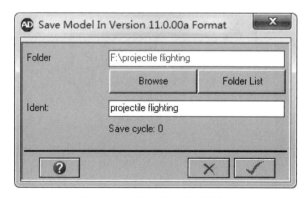

图 9-4　工作目录设置对话框

第 2 步：设置工作名称和单位制

在菜单中单击"Setup"→"Description"，出现图 9-5 所示的对话框，并按图指定工作名称和单位制，Heading：projectile flighting；Description：2D simulation；单位制：mm/mg/ms，单击"√"按钮。

图 9-5　工作名称和单位制设置对话框

第 3 步：选择对称方式

在菜单中单击"Setup"→"Symmetry"，出现图 9 – 6 所示的对话框，按图指定对称方式，Model symmetry：2D，对称方式设定为轴对称，单击"√"按钮。

第 4 步：定义模型的材料

在导航栏上单击"Materials"按钮，然后单击"Load"按钮进入材料模型库界面，如图 9 – 7 所示。选择 AIR、STEEL 4340 两种材料模型，单击"√"按钮。备注：按下 Ctrl 键可同时选中多种材料。其中材料模型 STEEL 4340 的状态方程为 Linear，强度模型为 Johnson Cook，失效模型为 None，其余为空。

图 9 – 6　对称方式设置对话框

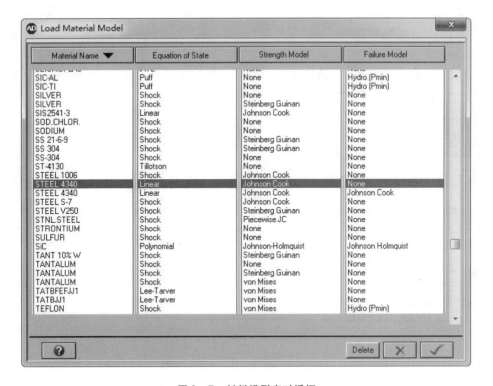

图 9 – 7　材料模型库对话框

第5步：定义初始条件

在导航栏上单击"Init. Cond."按钮，然后单击"New"按钮进入边界条件定义界面，如图9-8所示。按图定义边界条件，Name：vx，X-velocity：1 000，其他保持默认，单击"√"按钮。

第6步：定义边界条件

在导航栏上单击"Boundaries"按钮，然后单击"New"按钮进入边界条件定义界面，如图9-9所示。按图定义边界条件，Name：flow_out，Type：Flow_out，Sub option：Flow out (Euler)，Preferred Material：ALL EQUAL，单击"√"按钮。

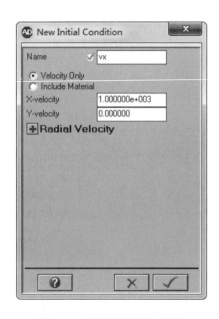 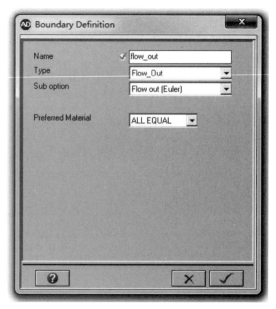

图9-8 初始条件定义对话框　　　　图9-9 边界条件定义对话框

第7步：建立空气的欧拉计算网格

在导航栏上单击"Parts"按钮，然后单击"New"按钮进入模型构建对话框，如图9-10所示。按图设置，Part name：air，Solver：Euler，2D Multi-material，Definition：Part wizard，单击"Next"按钮。

然后，单击"Box"按钮定义模型形状，如图9-11所示。按图设置，X origin：0，Y origin：0，DX：1 000，DY：200，单击"Next"按钮。

第 9 章　钝头弹在空气中的飞行仿真

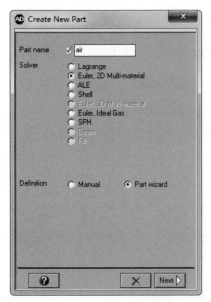

图 9-10　模型构建对话框

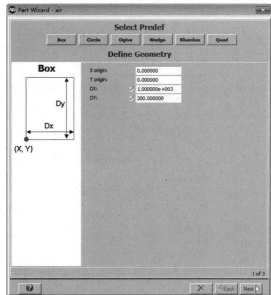

图 9-11　模型形状和尺寸设置对话框

接下来，进入了网格划分对话框，如图 9-12 所示。按图中设置对几何模型划分网格，Cells in I direction：500，Cells in J direction：80，勾选 "Grade zoning in J - direction"，设置 Fixed size（dy）：2，Times（nJ）：40，起始位置：Lower J，单击 "Next" 按钮。

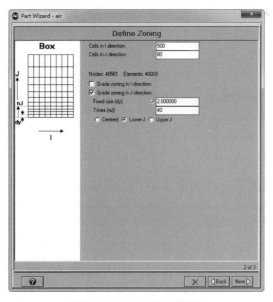

图 9-12　网格划分对话框

接下来,进入了模型填充对话框,如图9-13所示。按图中设置对模型进行填充,勾选"Fill part",设置Material:AIR,Density:0.001 225,Int Energy:2.068e5,X velocity:0,Y velocity:0,其他为默认设置,单击"√"按钮。

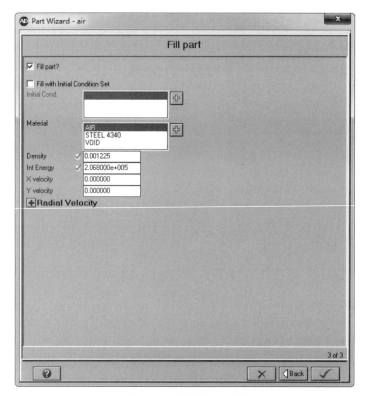

图9-13 模型填充对话框

第8步:为空气欧拉网格设定透射边界

在导航栏上单击"Parts"按钮,在"Parts"中选中"air"实体模型,单击"Boundary"按钮进入施加边界条件对话框,然后单击"I Line"按钮,出现"Apply to I Line"对话框,如图9-14所示。按图设置,From I=1,From J=1,To J=81,Boundary:flow_out,单击"√"按钮。

单击"I Line"按钮,出现"Apply to I Line"对话框,如图9-15所示。按图设置,From I=501,From J=1,To J=81,Boundary:flow_out,单击"√"按钮。

单击"J Line"按钮,出现"Apply to J Line"对话框,如图9-16所示。按图设置,From I=1,To I=501,From J=81,Boundary:flow_out,单击"√"按钮。

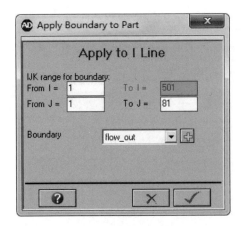

图9-14 加载边界条件对话框(1)

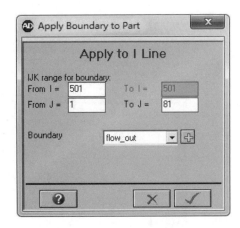

图9-15 加载边界条件对话框(2)

第9步:建立钝头弹模型

在导航栏上单击"Parts"按钮,然后单击"New"按钮进入模型构建对话框,如图9-17所示。按图设置,Part name:projectile,Solver:Lagrange,Definition:Part wizard,单击"Next"按钮。

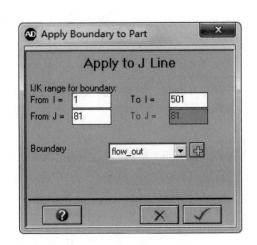

图9-16 加载边界条件对话框(3)

图9-17 模型构建对话框

然后,单击"Box"按钮定义模型形状,如图9-18所示。按图设置,X origin:0,Y origin:0,DX:150,DY:30,单击"Next"按钮。

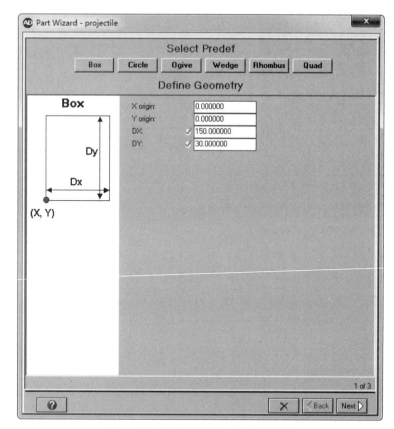

图 9-18 模型形状和尺寸设置对话框

接下来，进入了网格划分对话框，如图 9-19 所示。按图中设置对几何模型划分网格，Cells in I direction：75，Cells in J direction：15，其他不变，单击"Next"按钮。

然后，在对话框中勾选"Fill with Initial Condition Set"，选中"Initial Cond."中的"vx"，将初始速度加载给钝头弹，最后在"Material"选框中选择"STEEL 4340"，如图 9-20 所示，单击"√"按钮。

第 10 步：设置交互作用

在导航栏上单击"Interaction"按钮，然后单击"Interactions"中的"Lagrange/Lagrange"按钮，在"Interaction Gap"中单击"Calculate"按钮，然后在"Interaction by Part"中单击"Add All"按钮，定义 Lagrange 与 Lagrange 的相互作用。

然后，再单击"Interactions"中的"Euler/Lagrange"按钮，在"Select Euler/Lagrange Coupling Type"中选择"Automatic（polygon free）"。

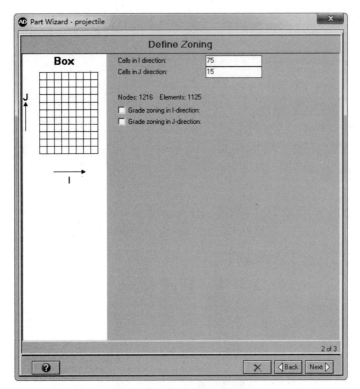

图 9-19 网格划分对话框

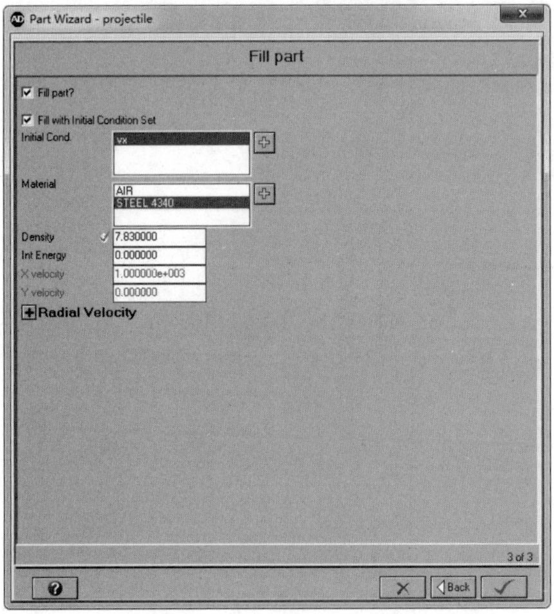

图 9-20 模型填充对话框

第 11 步：求解控制

在导航栏上单击"Controls"按钮，出现"Define Solution Controls"界面。然后，在"Wrapup Criteria"部分进行设置，Cycle limit：10 000 000，Time limit：0.75，Energy fraction：0.05，其他保持默认。

第 12 步：输出设置

在导航栏上单击"Output"按钮，出现"Define Output"界面。在"Save"部分进行设置，选择"Times"，Start time：0，End time：0.75，Increment：0.005，其他保持默认。

第 13 步：开始计算

在导航栏上单击"Run"按钮，开始计算。

9.3 仿真结果

经过计算得到钝头弹在空气中飞行的仿真结果，如图 9-21 所示。从图中可以发现，由于钝头弹是从静止突然高速运动，在空气中建立激波会有一个过程。

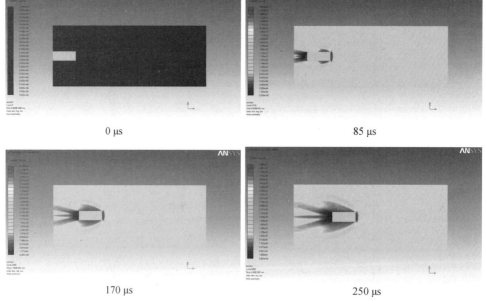

图 9-21 钝头弹飞行产生的激波现象

第 9 章　钝头弹在空气中的飞行仿真

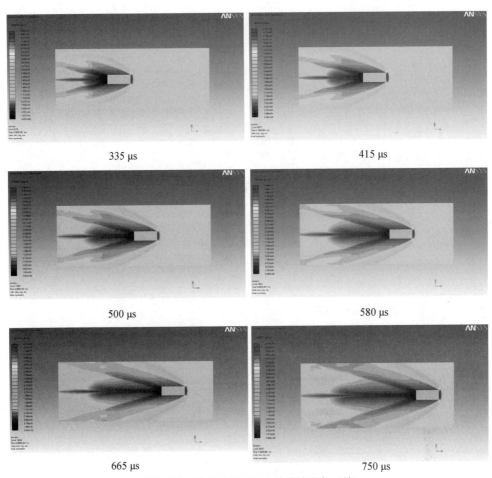

图 9-21　钝头弹飞行产生的激波现象（续）

第 10 章
7.62 mm 枪弹侵彻薄板仿真

10.1 问题描述

　　口径 7.62 mm 的枪弹不但可以用在突击步枪上，还可以用在手枪、狙击枪、轻机枪上，是通用性最强、覆盖面最广的一种子弹，也是各国反恐部队和正规军队使用量很大的弹药种类。枪弹弹丸是杀伤目标的毁伤元素，是用于穿透防护、杀伤有生力量的功能部件。在进行城市巷战时，枪弹是主要杀伤武器，但城市街道不可避免地会停留大量城市通勤车辆，而这些车辆势必会成为双方地攻防掩体，因此，枪弹弹丸在正面命中通勤车辆外壳时的侵彻能力，以及在以大着角撞击目标时，车辆外壳板的反作用力，使弹丸运动方向发生偏转，在翻转力矩作用下的跳飞特性，都影响着毁伤效果，因此，研究城市巷战中 7.62 mm 枪弹命中通勤车辆外壳时的穿透和大角度跳飞对毁伤效能评估具有非常重要的意义，对实战化战术训练可提供相关依据。

　　本章主要对 7.62 mm 枪弹命中通勤车辆外壳时正侵彻和大角度跳飞过程进行仿真，弹丸结构包括被甲、铅套和弹芯。其中，7.62 mm 枪弹弹丸正侵彻仿真模型的基本情况如图 10 - 1（a）所示，7.62 mm 枪弹弹丸大角度跳飞仿真模型的基本情况如图 10 - 1（b）所示。

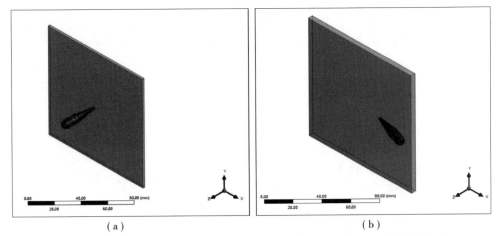

图10-1 枪弹弹丸正侵彻仿真模型（a）和枪弹弹丸大角度跳飞仿真模型（b）

10.2 枪弹弹丸正侵彻仿真过程

为提高计算效率，对弹丸模型尺寸进行一定量的简化，具体仿真工程如下。

第1步：新建分析系统

打开 ANSYS Workbench 程序，在左侧工具箱中选择 Explicit Dynamics 分析模块，单击鼠标左键拖曳至项目简图中，如图10-2所示。

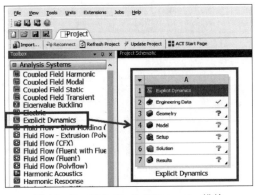

图10-2 建立 Explicit Dynamics 模块

第 2 步：定义材料数据

在 Explicit Dynamics 模块上双击 Engineering Data 选项，在工具栏上选择 Engineering Data Sources 后，在数据来源下选择 Explicit Materials，在显式材料内容中选择被甲 COPPER 材料，单击右侧的 Engineering Data Sources 按钮。同理，选择铅套的 LEAD 材料、金属薄板的 STEEL 4340 材料和弹芯的 TUNG. ALLOY 材料，再次单击 Engineering Data Sources 后退出材料添选。

由于进行侵彻仿真，涉及材料失效模型的选择和参数的设置，本章部分材料采用 Johnson Cook Failure 模型，强度模型和状态方程保持不变，采用默认设置。首先选择需要编辑的材料卡片，然后单击左侧工具箱 Failure 下拉菜单中的 Johnson Cook Failure，在右侧的材料属性中输入 Johnson Cook 失效模型参数。其中，铜材料参数设置如图 10 - 3（a）所示，4340 钢材料参数设置如图 10 - 3（b）所示，钨合金材料参数设置如图 10 - 3（c）所示。

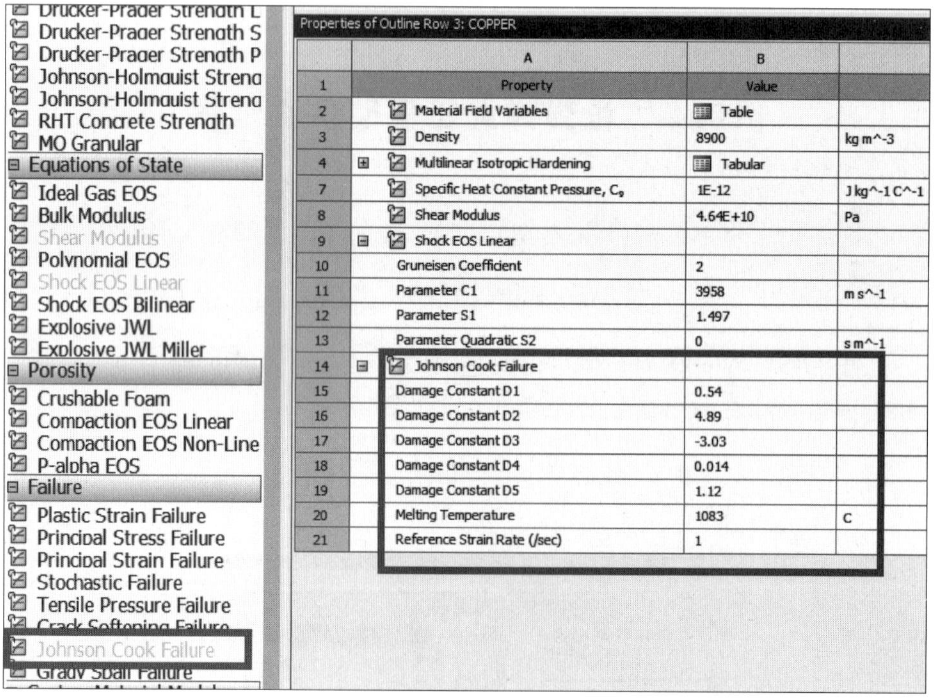

(a)

图 10 - 3　铜材料（a）、4340 钢材料（b）、钨合金材料（c）、
　　　　　铅材料（d）的 Johnson Cook 失效模型参数

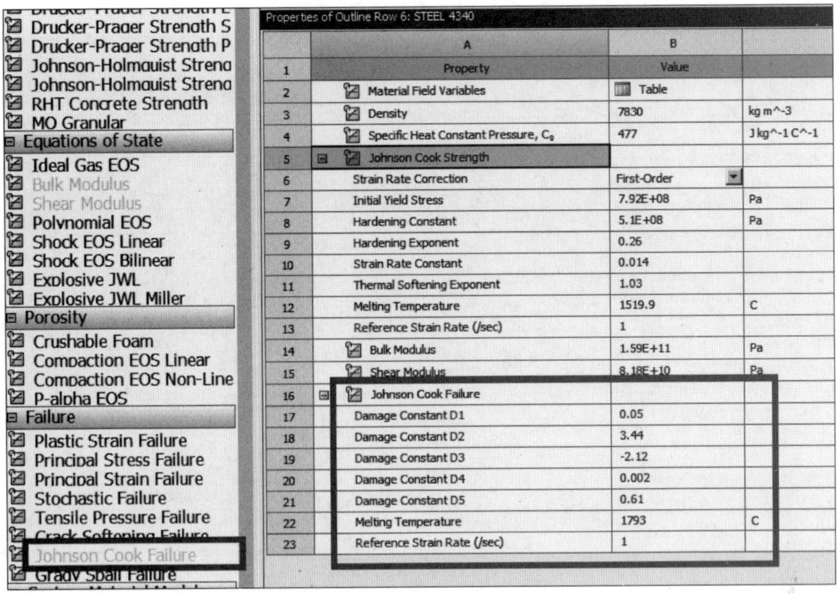

Properties of Outline Row 6: STEEL 4340

	A	B	
1	Property	Value	
2	Material Field Variables	Table	
3	Density	7830	kg m^-3
4	Specific Heat Constant Pressure, C_p	477	J kg^-1 C^-1
5	Johnson Cook Strength		
6	Strain Rate Correction	First-Order	
7	Initial Yield Stress	7.92E+08	Pa
8	Hardening Constant	5.1E+08	Pa
9	Hardening Exponent	0.26	
10	Strain Rate Constant	0.014	
11	Thermal Softening Exponent	1.03	
12	Melting Temperature	1519.9	C
13	Reference Strain Rate (/sec)	1	
14	Bulk Modulus	1.59E+11	Pa
15	Shear Modulus	8.18E+10	Pa
16	Johnson Cook Failure		
17	Damage Constant D1	0.05	
18	Damage Constant D2	3.44	
19	Damage Constant D3	-2.12	
20	Damage Constant D4	0.002	
21	Damage Constant D5	0.61	
22	Melting Temperature	1793	C
23	Reference Strain Rate (/sec)	1	

(b)

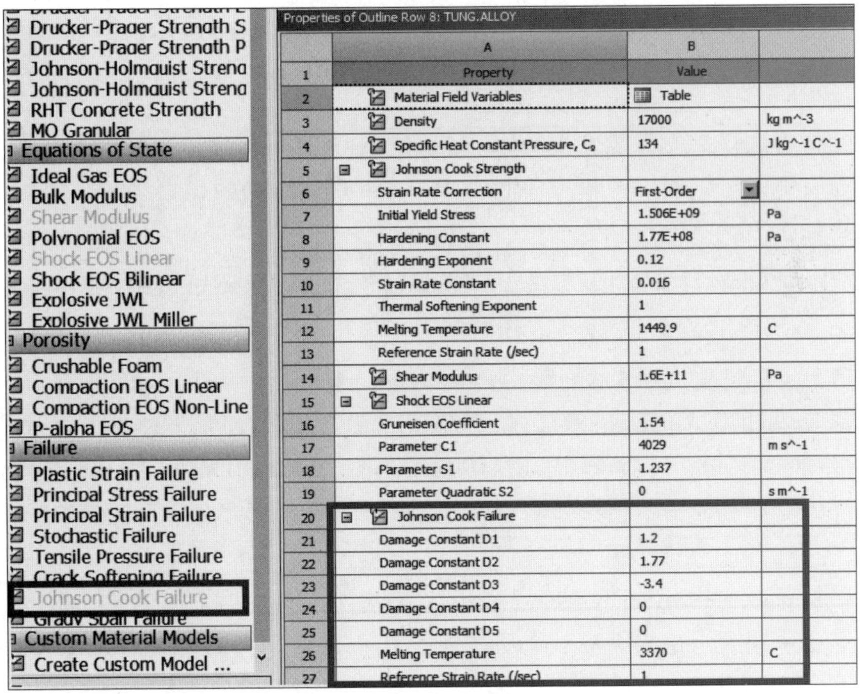

Properties of Outline Row 8: TUNG.ALLOY

	A	B	
1	Property	Value	
2	Material Field Variables	Table	
3	Density	17000	kg m^-3
4	Specific Heat Constant Pressure, C_p	134	J kg^-1 C^-1
5	Johnson Cook Strength		
6	Strain Rate Correction	First-Order	
7	Initial Yield Stress	1.506E+09	Pa
8	Hardening Constant	1.77E+08	Pa
9	Hardening Exponent	0.12	
10	Strain Rate Constant	0.016	
11	Thermal Softening Exponent	1	
12	Melting Temperature	1449.9	C
13	Reference Strain Rate (/sec)	1	
14	Shear Modulus	1.6E+11	Pa
15	Shock EOS Linear		
16	Gruneisen Coefficient	1.54	
17	Parameter C1	4029	m s^-1
18	Parameter S1	1.237	
19	Parameter Quadratic S2	0	s m^-1
20	Johnson Cook Failure		
21	Damage Constant D1	1.2	
22	Damage Constant D2	1.77	
23	Damage Constant D3	-3.4	
24	Damage Constant D4	0	
25	Damage Constant D5	0	
26	Melting Temperature	3370	C
27	Reference Strain Rate (/sec)	1	

(c)

图 10-3 铜材料（a）、4340 钢材料（b）、钨合金材料（c）、
铅材料（d）的 Johnson Cook 失效模型参数（续）

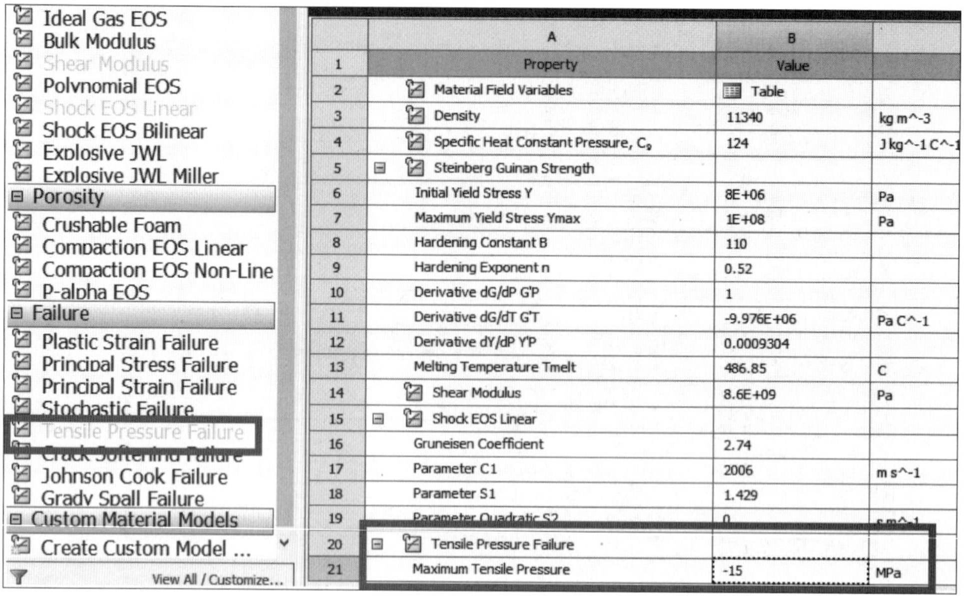

(d)

图 10-3 铜材料（a）、4340 钢材料（b）、钨合金材料（c）、
铅材料（d）的 Johnson Cook 失效模型参数（续）

铅材料选择左侧工具箱 Failure 下拉菜单中的 Tensile Pressure Failure 失效模型，在右侧的材料属性中输入 Tensile Pressure Failure 失效模型参数，铅材料参数设置如图 10-3（d）所示。

编辑材料卡片结束后，单击上侧工具栏中的 Project 按钮，切换至项目简图中。

第 3 步：建立几何模型

在 Explicit Dynamics 模块上右击 Geometry 选项，在弹出的对话框中选择 New Design Modeler Geometry，如图 10-4 所示。Design Modeler 是一个参数化基于特征的实体建模器，可以直观、快速地绘制 2D 草图，对零件进行 3D 建模，或导入三维 CAD 模型，进行工程分析预处理。

在 Geometry – DesignModeler 界面，单击上方菜单栏中的 Units→Millimeter，将模型单位制改为毫米级。后续所有操作 Operation 均选择 Add Frozen，即有相交的图素不会生成一个图素，建立的几何体均将成为独立的零件。单击上方菜单栏 Create→Primitives→Box，建立厚度为 2 mm 的钢板模型，Base Plane 选择 XYPlane，如图 10-5（a）所示。单击上方菜单栏中的 Generate（DesignModeler

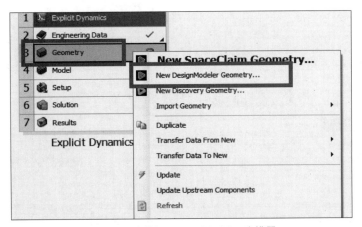

图 10-4　进入 Design Modeler 建模器

模型操作均须在设置完毕后单击 Generate 生成操作，后续章节不再赘述）。单击左侧 Tree Outline 中 “Parts, Bodies” 前的加号，单击新生成的体。为方便后续前处理设置，修改 Body 名称为装甲板，具体设置如图 10-5（b）所示。单击上方菜单栏 Create→Primitives→Cylinder，建立弹丸中部模型，具体设置如图 10-6（a）所示。单击 Generate，单击 Create→Primitives→Cone，建立弹丸头部锥体，具体设置如图 10-6（b）所示。单击 Create→Primitives→Cone，建立弹丸尾部锥体，具体设置如图 10-6（c）所示。单击 Create→Fixed Radius Blend，选择弹丸尾部底端轮廓线，倒角半径输入 1 mm。单击 Create→Fixed Radius Blend，选择弹丸头部顶端轮廓线，倒角半径输入 0.5 mm。单击 Create→Boolean，Tool Bodies 选择弹丸头部、中部、尾部三个体，Operation 选择 Unite，进行合并布尔运算，生成一个体。单击左侧 Tree Outline 中 “Parts, Bodies” 下新生成的体，为方便后续前处理设置，修改 Body 名称为弹丸。

Details View

Details of Box1	
Box	Box1
Base Plane	XYPlane
Operation	Add Frozen
Box Type	From One Point and Diagonal
Point 1 Definition	Coordinates
FD3, Point 1 X Coordinate	-50 mm
FD4, Point 1 Y Coordinate	-50 mm
FD5, Point 1 Z Coordinate	-3 mm
Diagonal Definition	Components
FD6, Diagonal X Component	100 mm
FD7, Diagonal Y Component	100 mm
FD8, Diagonal Z Component	2 mm
As Thin/Surface?	No

Details View

Details of Body	
Body	装甲板
Volume	20000 mm³
Surface Area	20800 mm²
Faces	6
Edges	12
Vertices	8
Fluid/Solid	Solid
Shared Topology Method	Automatic
Geometry Type	DesignModeler

图 10-5　钢板模型尺寸设置图

单击 Create→Thin/Surface，对合并布尔运算新合成的体弹丸进行抽壳处理，设置参数如图 10-6（d）所示。单击左侧 Tree Outline 中"Parts, Bodies"下新生成的体，为方便后续前处理设置，修改 Body 名称为被甲，被甲模型建立完毕。

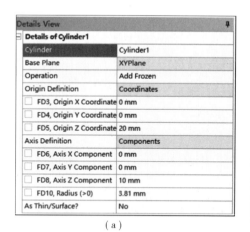

图 10-6　被甲模型设置图

在 Geometry - DesignModeler 界面中，单击上方菜单栏中的 Create→Primitives→Cylinder，建立弹芯柱体，具体设置如图 10-7（a）所示。单击 Create→Primitives→Cone，建立弹芯前端锥体，具体设置如图 10-7（b）所示。单击左侧 Tree Outline 中"Parts, Bodies"下新生成的弹芯柱体和弹芯前端锥体，为方便后续前处理设置，均修改 Body 名称为弹芯，弹芯模型建立完毕。

单击 Create→Boolean，Tool Bodies 选择被甲、弹芯柱体和弹芯前端锥体，Target Bodies 选择弹丸，Operation 选择 Subtract，用弹丸体减去被甲、弹芯柱体和弹芯前端锥体，得到铅套模型，如图 10-8 所示，这时体名称仍为弹丸，为方便后续前处理设置，修改 Body 名称为铅套。

Details View	
Details of Cylinder2	
Cylinder	Cylinder2
Base Plane	XYPlane
Operation	Add Frozen
Origin Definition	Coordinates
FD3, Origin X Coordinate	0 mm
FD4, Origin Y Coordinate	0 mm
FD5, Origin Z Coordinate	-2.5 mm
Axis Definition	Components
FD6, Axis X Component	0 mm
FD7, Axis Y Component	0 mm
FD8, Axis Z Component	15 mm
FD10, Radius (>0)	2 mm
As Thin/Surface?	No

Details View	
Details of Cone3	
Cone	Cone3
Base Plane	XYPlane
Operation	Add Frozen
Origin Definition	Coordinates
FD3, Origin X Coordinate	0 mm
FD4, Origin Y Coordinate	0 mm
FD5, Origin Z Coordinate	-2.5 mm
Axis Definition	Components
FD6, Axis X Component	0 mm
FD7, Axis Y Component	0 mm
FD8, Axis Z Component	-5 mm
FD10, Base Radius (>=0)	2 mm
FD11, Top Radius (>=0)	1.5 mm
As Thin/Surface?	No

图 10－7　弹芯模型设置图

Details View	
Details of Boolean9	
Boolean	Boolean9
Operation	Subtract
Target Bodies	1 Body
Tool Bodies	3 Bodies
Preserve Tool Bodies?	Yes

图 10－8　布尔相减运算生成铅套模型

为方便 7.62 mm 子弹结构网格划分，提高网格质量，减少网格数量，提升计算效率，对被甲、铅套可以进行体切割。单击上部菜单栏 Create→Slice，在左下部 Details of Slice 中 Slice Type 的下拉菜单中选择 Slice By Edge Loop，Edges 选择弹丸中部与弹丸尾部外轮廓线，在 Slice Targets 下拉菜单中选择 Selected Bodies，Bodies 选择被甲和铅套 Apply，单击 Generate，如图 10－9 所示。同理，单击上部菜单栏 Create→Slice，在左下部 Details of Slice 中 Slice Type 下拉菜单中选择 Slice By Edge Loop，Edges 选择弹丸中部与弹丸前端锥体外轮廓线，在 Slice Targets 下拉菜单中选择 Selected Bodies，Bodies 选择未被切割的被甲和铅套 Apply，单击 Generate。单击上部菜单栏 Create→Slice，在左下部 Details of Slice 中 Slice Type 下拉菜单中选择 Slice By Edge Loop，Edges 选择弹丸前端锥体与顶端倒圆角处外轮廓线，在 Slice Targets 下拉菜单中选择 Selected Bodies，Bodies 选择未被切割的前端被甲和铅套 Apply，单击 Generate。

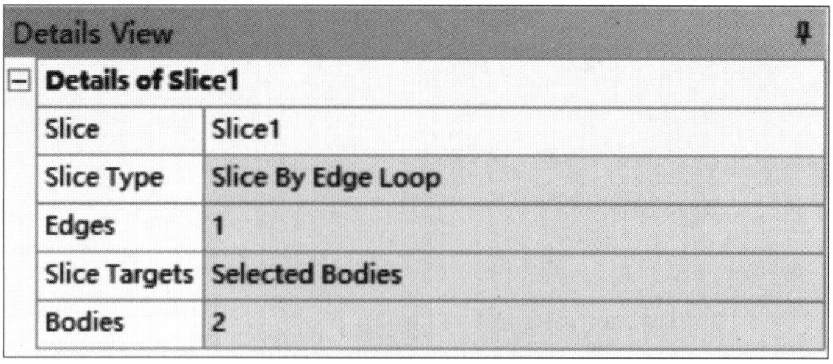

图 10-9 切割体模型操作

按住 Ctrl 键，单击左侧 Tree Outline 中 Parts，Bodies 下相同名称的体，右击，选择 Form New Part，如图 10-10 所示。将 Part 名称分别改为被甲、弹芯、铅套，这样相同材料零件的几何拓扑相同，网格划分后也是共节点的。7.62 mm 枪弹弹丸正侵彻仿真模型建立完毕，如图 10-11 所示。

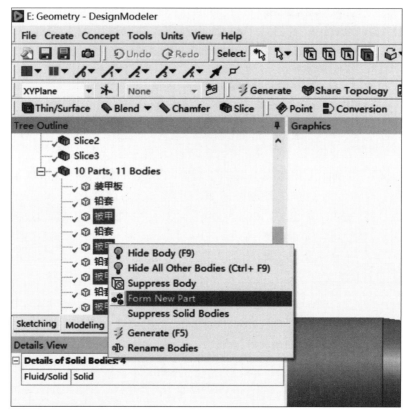

图 10-10 零件组合操作

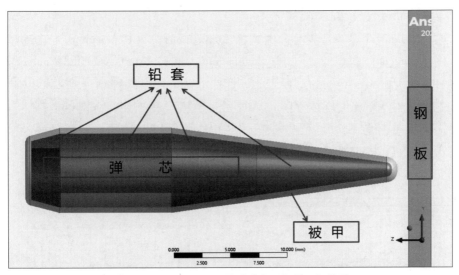

图 10-11　7.62 mm 枪弹弹丸正侵彻几何模型

第 4 步：材料赋予模型

双击项目简图中 Explicit Dynamics 分析模块内的 Model 选项，在打开的 Mechanical 界面左侧项目树中选择 Geometry 中的铅套 Part（第 3 步中自命名组件），单击细节对话框中的 Assignment 选项，选择 LEAD 材料卡，如图 10-12 所示。同理，对被甲选择 COOPER 材料卡，弹芯选择 TUNG. ALLOY 材料卡，装甲板选择 STELL 4340 材料卡。

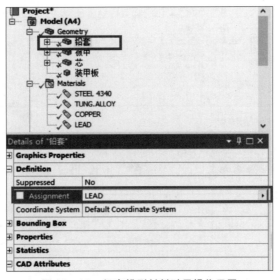

图 10-12　铅套模型材料赋予操作示图

第 5 步：定义接触类型

在 Mechanical 界面左侧目录中选择 Connections，将 Connections 下自动添加的约束 Contacts 删掉，然后右击 Connections，选择 Insert→Manual Contact Region，如图 10-13 所示。在弹出的细节对话框中，Contact 选择弹芯的外侧曲面，Target 选择铅套的内部表面，Type 采用默认的 Bonded，其他设置默认，这样就建立了铅套与弹芯的接触关系，如图 10-14（a）所示。同理，建立弹芯底部面与被甲内部底面的接触关系和铅套外表面与被甲内表面的接触关系，如图 10-14（b）和图 10-14（c）所示，其他采用默认设置。

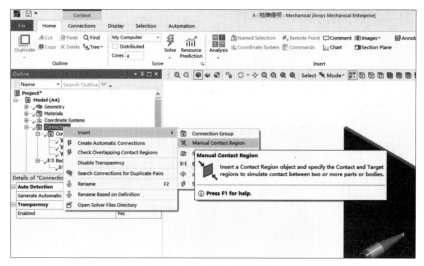

图 10-13　插入接触设置

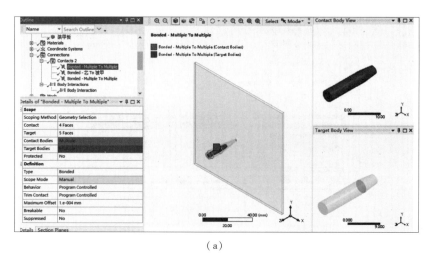

（a）

图 10-14　铅套与弹芯（a）、弹芯与被甲（b）、被甲与铅套（c）的接触设置

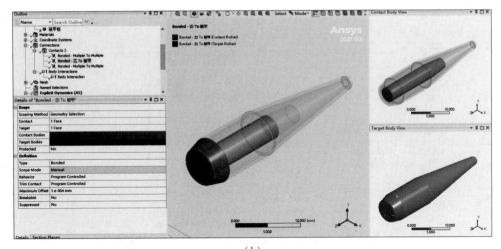

(b)

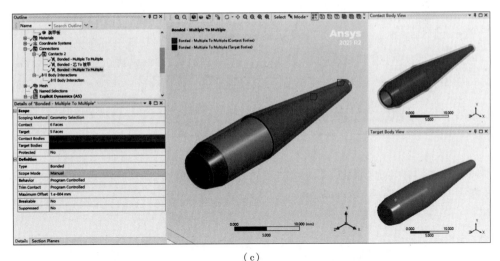

(c)

图 10-14　铅套与弹芯（a）、弹芯与被甲（b）、被甲与铅套（c）的接触设置（续）

在结构体内部表面不容易选中的情况下，可通过隐藏外表面来实现，右击想要隐藏的面，在弹出的对话框中选择 Hide Face（s），如图 10-15 所示。

第 6 步：有限元网格划分

在 Mechanical 界面左侧目录中右击 Mesh，选择 Insert→Method，如图 10-16 所示。在弹出的细节设置框内，Method 选择 MultiZone，Geometry 选项选择装甲板 Body，其余采用默认设置。右击 Mesh，选择 Insert→Face Meshing，在细节设置框内的 Geometry 选项中选择装甲板的 6 个面，其余采用默认设置。右击

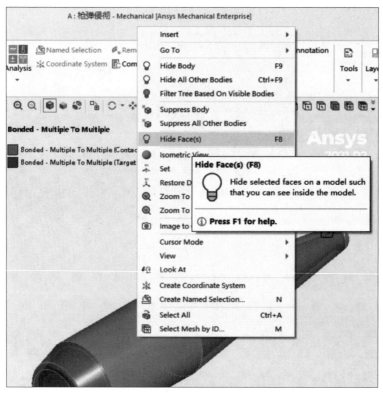

图 10-15　面隐藏操作技巧

Mesh，选择 Insert→Sizing，在细节设置框内的 Geometry 选项中选择装甲板前后 8 条长边，Type 选择 Element Size，在 Element Size 中输入 2.0 mm，Bias Type 选择————，在 Bias Factor 中输入 4.0，如图 10-17（a）所示。右击 Mesh，选择 Insert→Sizing，在细节设置框内的 Geometry 选项中选择装甲板 4 个角处的 4 条短边，Type 选择 Number of Divisions，在 Number of Divisions 中输入 2，其余采用默认设置，如图 10-17（b）所示。

同理，在 Mechanical 界面左侧目录中右击 Mesh，选择 Insert→Method，对弹芯网格划分进行设置。在细节设置框内的 Geometry 选项中选择弹芯两个 Body，其余采用默认设置。右击 Mesh，选择 Insert→Face Meshing，在细节设置框内的 Geometry 选项中选择弹芯的外表面，其余采用默认设置。右击 Mesh，选择 Insert→Inflation，对弹芯采用膨胀层设置，在细节内的 Geometry 选项选择弹芯 2 Bodies，Boundary 选择弹芯外侧 2 个曲面，Inflation Option 选择 Total Thickness，Number of Layers 输入 5，Growth Rate 输入 1，Maximum Thickness 输入 0.8 mm，其余采用默认设置，如图 10-18 所示。

第 10 章 7.62 mm 枪弹侵彻薄板仿真

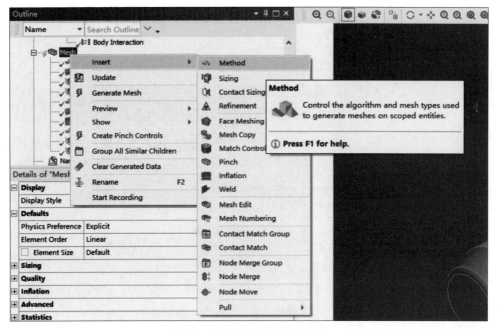

图 10-16 插入网格划分方法

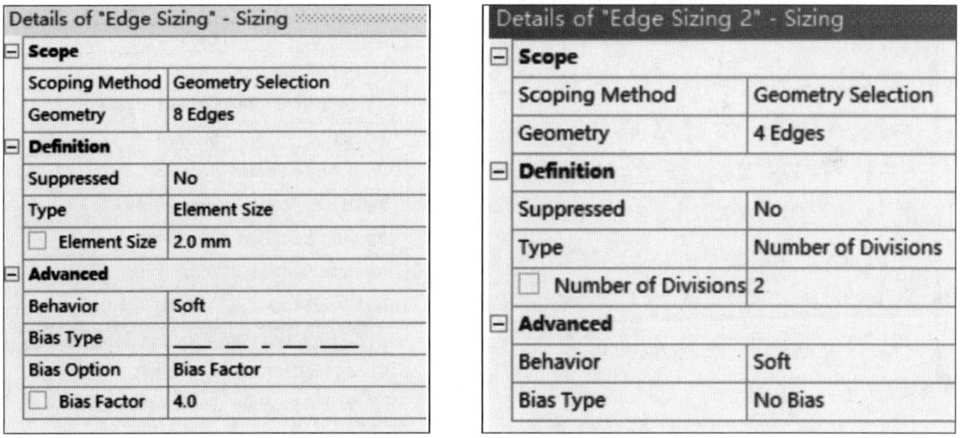

图 10-17 Edge Sizing 设置

由于铅套和被甲形状不规则,这里采用四边形单元对其进行划分,为保证单元质量,在第 3 步对其几何体进行了切割,这里对尺寸差别较大的部分设置不同的单元尺寸。在 Mechanical 界面左侧目录中右击 Mesh,选择 Insert→Method,在细节设置框内,Method 选择 Tetrahedrons,Geometry 选项选择铅套和

Details of "Inflation" - Inflation	
Scope	
Scoping Method	Geometry Selection
Geometry	2 Bodies
Definition	
Suppressed	No
Boundary Scoping Method	Geometry Selection
Boundary	2 Faces
Inflation Option	Total Thickness
Number of Layers	5
Growth Rate	1
Maximum Thickness	0.8 mm
Inflation Algorithm	Pre

图 10－18　膨胀层设置

被甲组件，其余采用默认设置。右击 Mesh，选择 Insert→Sizing，在细节设置框内的 Geometry 选项中选择被甲顶端内外表面和铅套顶端表面，Type 选择 Element Size，在 Element Size 中输入 0. 2 mm，右击 Mesh，选择 Insert→Sizing，在细节设置框内的 Geometry 选项中选择被甲尾端内外表面和铅套尾端表面，Type 选择 Element Size，在 Element Size 中输入 0. 5 mm，其余采用默认设置。

网格划分设置完毕，右击 Mesh，选择 Generate Mesh 开始网格划分，网格划分完毕后，可单击 Mesh 查看网格质量和划分详情，如图 10－19 和图 10－20 所示，单元质量最小值大于 0.2，单元总数为 95 810，网格可用于计算且能保证计算精度。7. 62 mm 枪弹弹丸正侵彻有限元模型如图 10－21 所示。

Details of "Mesh"	
Sizing	
Use Adaptive Sizi...	Yes
Resolution	Default (4)
Mesh Defeaturing	Yes
Defeature Size	Default
Transition	Slow
Span Angle Center	Fine
Initial Size Seed	Assembly
Bounding Box Di...	145.93 mm
Average Surface ...	482.27 mm²
Minimum Edge L...	2.0383e-003 mm
Quality	
Check Mesh Qual...	Yes, Errors
Target Quality	Default (0.050000)
Smoothing	High
Mesh Metric	Element Quality
Min	0.23632
Max	0.99949
Average	0.76349
Details	Section Planes

图 10－19　网格划分详情

第 7 步：显式动力学分析设置

在 Mechanical 界面左侧目录 Explicit Dynamics 下的 Initial Conditions 中插入弹丸的初速设置，右击 Initial Conditions，选择 Insert→Velocity，在细节对话框中 Geometry 选项选择弹丸所有体零件，Define By 选择

第10章 7.62 mm 枪弹侵彻薄板仿真

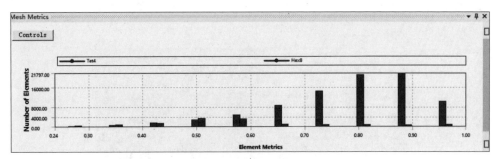

图 10-20 单元质量分布图

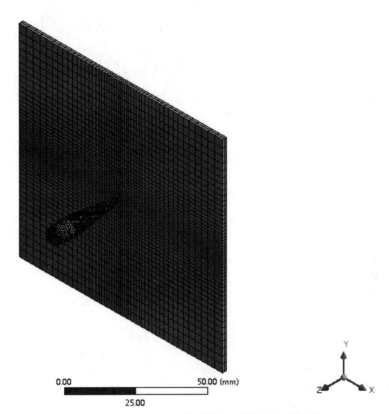

图 10-21 7.62 mm 枪弹弹丸正侵彻有限元模型

Vector，在 Total 中输入 9.e+005 mm/s，Direction 选择弹丸表面任意一条圆边或者外表柱面即可，方向指向靶板，如图 10-22 所示，单击 Apply 按钮。单击 Analysis Settings 进行分析设置，在 End Time 中输入 1.2e-004 s，为计算顺利进行，将 Minimum Time Step 改为 1.e-020 s，在 Erosion Controls 下拉菜单中，

将 On Material Failure 选项打开，选择 Yes，其余采用默认设置，如图 10 - 23 所示。

图 10 - 22　弹丸初速设置图

Details of "Analysis Settings"

Analysis Settings Preference	
Type	Program Controlled
Step Controls	
Number Of Steps	1
Current Step Number	1
Load Step Type	Explicit Time Integration
End Time	1.2e-004
Resume From Cycle	0
Maximum Number of Cycles	1e+07
Maximum Energy Error	0.
Reference Energy Cycle	1e+09
Initial Time Step	Program Controlled
Minimum Time Step	1.e-020 s
Maximum Time Step	Program Controlled
Time Step Safety Factor	0.9
Characteristic Dimension	Diagonals
Automatic Mass Scaling	No
Solver Controls	
Euler Domain Controls	
Damping Controls	
Erosion Controls	
On Geometric Strain Limit	Yes
Geometric Strain Limit	1.5
On Material Failure	Yes
On Minimum Element Time Step	No
Retain Inertia of Eroded Material	Yes
Output Controls	

图 10 - 23　分析设置图

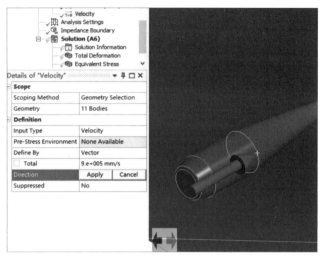

右击 Explicit Dynamics，插入 Impedance Boundary，在细节对话框中，Geometry 选项选择装甲板四周 4 个平面，插入无反射边界条件，其余采用默认设置，如图 10-24 所示。此设置表示冲击能量可以在靶板四周边缘流动。

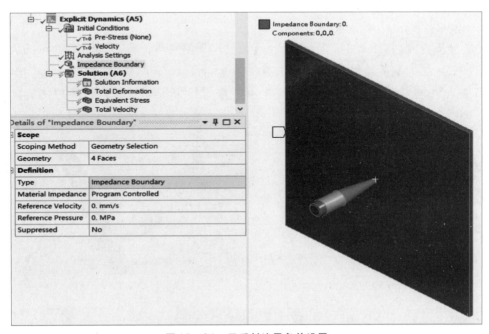

图 10-24　无反射边界条件设置

第 8 步：求解计算

在 Mechanical 界面左侧目录中右击 Solution，选择 Solve，开始计算，如图 10-25 所示。

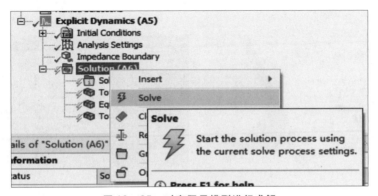

图 10-25　对有限元模型进行求解

10.3 枪弹弹丸正侵彻仿真结果

计算完成后，Solution 前会出现绿色对号 ✓ Solution，右击 Solution，可插入位移、应力、应变等结果。插入后右击 Solution，选择 Evaluate All Results，本节插入 Total Deformation、Equivalent Stress，查看枪弹侵彻过程和靶板应力，如图 10-26 和图 10-27 所示。

图 10-26　7.62 mm 枪弹弹丸正侵彻位移云图
(a) $t = 12$ μs；(b) $t = 18$ μs；(c) $t = 24$ μs；(d) $t = 30$ μs；(e) $t = 42$ μs；(f) $t = 60$ μs

第 10 章　7.62 mm 枪弹侵彻薄板仿真

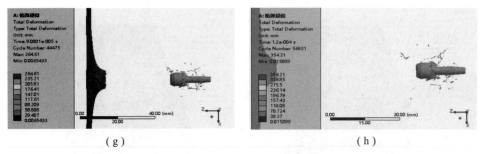

(g)　　　　　　　　　　　　　　(h)

图 10-26　7.62 mm 枪弹弹丸正侵彻位移云图（续）

(g) $t=90$ μs；(h) $t=120$ μs

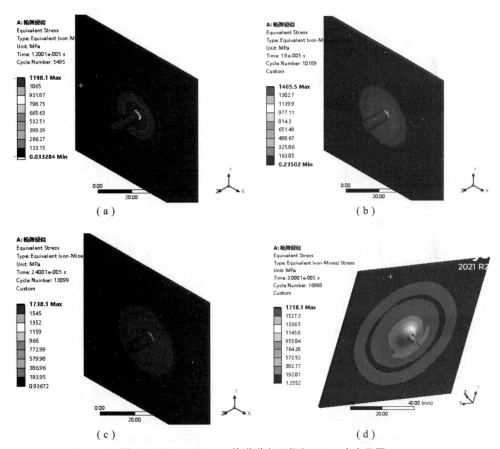

图 10-27　7.62 mm 枪弹弹丸正侵彻 Mises 应力云图

(a) $t=12$ μs；(b) $t=18$ μs；(c) $t=24$ μs；(d) $t=30$ μs

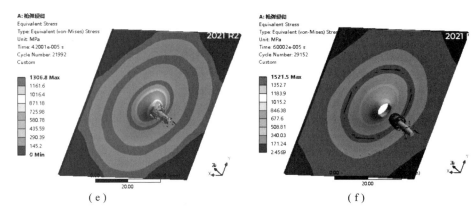

图 10-27　7.62 mm 枪弹弹丸正侵彻 Mises 应力云图（续）

(e) $t = 42\ \mu s$；(f) $t = 60\ \mu s$

由图 10-26（a）~（f）可以看出枪弹侵彻全过程，披甲和铅套大部分破损飞散，只留尾部一部分，靶板上留有侵彻洞口。由图 10-26（g）（h）可以看出，弹芯比较完整，但仍具有杀伤力（穿靶后弹芯速度为 858.33 m/s，感兴趣的读者可添加 Total Velocity 查看），被甲和铅套产生的破片持续飞散。

计算完成后，也可通过主窗口观看结果动画，通过 Graph 窗口可设置动画时间和帧数，通过 按钮可以导出动画视频。

10.4　枪弹弹丸跳飞仿真过程

若弹丸以较大角度接触装备外壳或护甲，在目标靶板的反作用下，将对破片产生翻转力矩，使其飞行方向发生改变而产生跳飞现象，从而大大削弱其侵彻能力。经过国内外学者研究，影响跳飞的因素主要包括弹丸形状、弹丸形状比例系数、弹丸入射速度和靶板厚度等。分析临界跳飞角变化规律对于提升预制破片式战斗部的毁伤能力设计和辅助装备战场损伤评估具有重要的现实意义。数值仿真技术是研究临界跳飞角变化规律的主要手段，因此本节主要介绍利用 ANSYS Workbench 有限元仿真软件模拟 7.62 mm 枪弹弹丸跳飞的过程，为广大读者提供解决枪弹跳飞问题的仿真方法和思路。

第 1 步：新建分析系统

由于 7.62 mm 枪弹弹丸跳飞仿真模型与枪弹正侵彻结构模型高度相似，因此，为了简便，将10.2节中第1步建立的分析系统进行复制，右击 Explicit Dynamics，在弹出的对话框中选择 Duplicate，如图10-28所示。新复制的分析模块会在项目简图中原模块旁边，字母顺延命名。

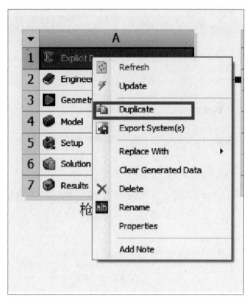

图10-28　复制分析模块

第2步：定义材料数据

复制的分析模块，材料数据共享，无须重复设置，如果单独建模分析该问题，可以参照10.2节中第2步进行操作设置。

第3步：建立几何模型

复制的分析模块，几何模型数据共享，无须重复建立，但需要旋转弹丸，使弹丸以一定角度飞向装甲板，单击 Create→Body Transformation→Rotate，在细节对话框中，Bodies 选择整个弹丸，Axis Definition 选择 Selection，Axis Selection 选择 ZXPlane（从 Tree Outline 中选择，即弹丸绕 Y 轴旋转），Angle 输入 -72°，如图10-29所示。这里为了更好地体现跳飞效果，将装甲板厚度改为4mm，整体几何模型如图10-30所示。如果单独建模分析该问题，可以参照10.2节中第3步进行操作设置。

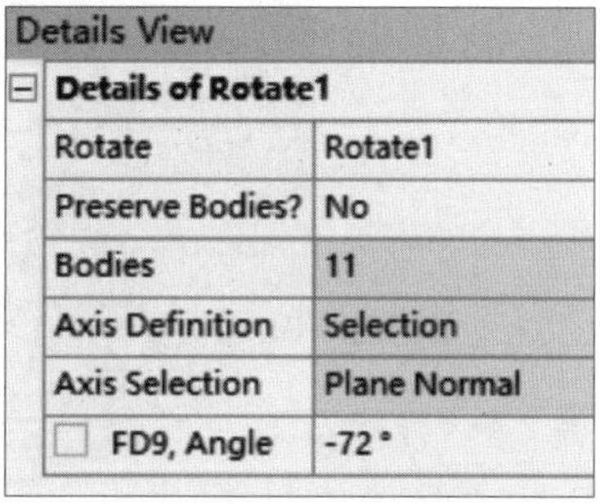

图10-29　旋转操作设置

■ 战斗部爆炸毁伤数值仿真技术

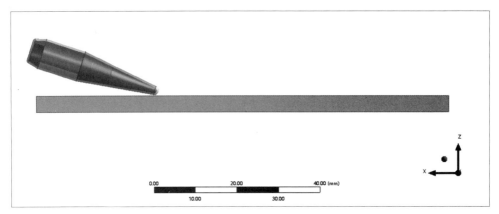

图 10 - 30　7.62 mm 枪弹弹丸跳飞几何模型

第 4 步：材料赋予模型

由于该组件材料无变化，因此可不用设置。如果单独建模分析该问题，可以参照 10.2 节中第 4 步进行操作设置。

第 5 步：定义接触类型

可以参照 10.2 节中第 5 步进行操作设置。

第 6 步：有限元网格划分

可以参照 10.2 节中第 6 步进行操作设置，划分单元，划分后的有限元模型如图 10 - 31 所示。

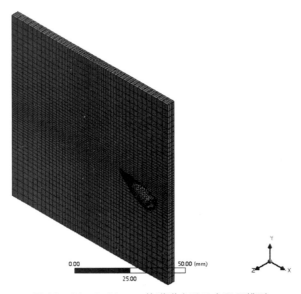

图 10 - 31　7.62 mm 枪弹弹丸跳飞有限元模型

第 7 步：显式动力学分析设置

由于弹丸位置发生改变，因此需要修改弹丸速度方向，可以参照 10.2 节中第 7 步进行操作设置，使弹丸初速方向沿弹丸轴线，其余设置参照 10.2 节中第 7 步进行操作设置。

第 8 步：求解计算

在 Mechanical 界面左侧目录中右击 Solution，选择 Solve，开始计算。

10.5 枪弹弹丸跳飞仿真结果

计算完成后，Solution 前会出现绿色对号 Solution，右击 Solution，可插入位移、速度、应力、应变等结果。插入后，右击 Solution，选择 Evaluate All Results，本节插入 Total Deformation、Equivalent Stress，查看枪弹跳飞过程和靶板受力，如图 10-32 和图 10-33 所示。

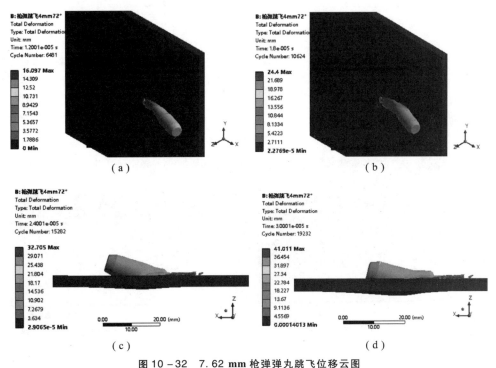

图 10-32 7.62 mm 枪弹弹丸跳飞位移云图
(a) $t=12$ μs；(b) $t=18$ μs；(c) $t=24$ μs；(d) $t=30$ μs

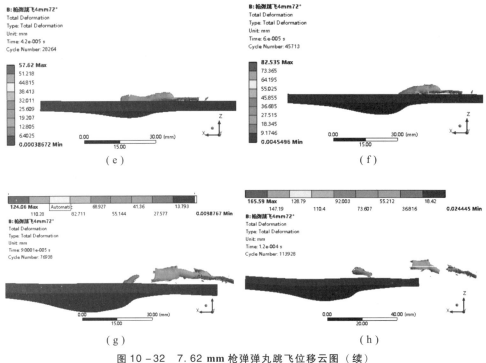

图10-32 7.62 mm枪弹弹丸跳飞位移云图（续）

(e) $t=42\ \mu s$; (f) $t=60\ \mu s$; (g) $t=90\ \mu s$; (h) $t=120\ \mu s$

由图10-32可以看出，枪弹未穿透靶板，由于大入射角和靶板阻碍的原因，致使弹丸旋转跳飞。同时，由于被甲和铅套强度相对弹芯较小，发生破裂分解，但弹芯完好，同时靶板由于弹丸斜冲击作用向下凹陷一定位移。读者感兴趣可在插入 Total Deformation 后，Geometry 选择装甲板 Body，单独查看其结果。

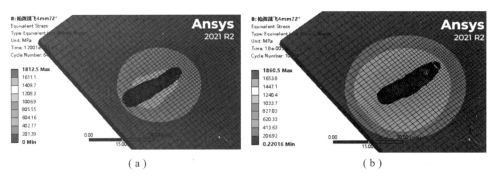

图10-33 7.62 mm枪弹弹丸跳飞Mises应力云图

(a) $t=12\ \mu s$; (b) $t=18\ \mu s$

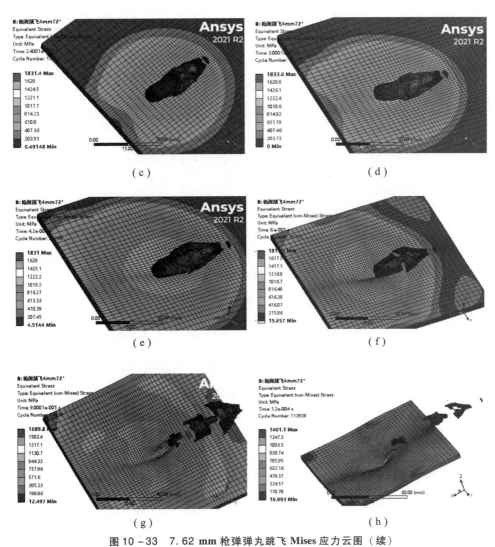

图 10-33　7.62 mm 枪弹弹丸跳飞 Mises 应力云图（续）

(c) $t=24$ μs；(d) $t=30$ μs；(e) $t=42$ μs；(f) $t=60$ μs；(g) $t=90$ μs；(h) $t=120$ μs

计算完成后，也可通过主窗口观看结果动画，通过 Graph 窗口可设置动画时间和帧数，通过 按钮可以导出动画视频。

第 11 章

尾翼稳定脱壳穿甲弹侵彻复合装甲仿真

11.1 问题描述

由于尾翼稳定超速脱壳穿甲弹的弹长不受飞行稳定性的限制,一般把它做得很长,甚至可以达到 25~30 倍的飞行弹径,因此常把这种弹简称为杆式穿甲弹。杆式穿甲弹一经问世,立即引起世界各国的重视,经过不断发展,现如今已成为当前反坦克弹药中最有效的反坦克弹种之一,得到了世界各国的认可。杆式穿甲弹拥有更大的断面密度,从而提升了自身的穿甲威力,且初速一般可达 1 400~1 800 m/s,是所有火炮弹丸中的佼佼者,这为飞行弹体提供了极大的动能,从而使威力进一步提高。随着穿甲弹的发展,装甲材料作为装甲防护技术的物质基础,也从传统钢材料向着轻质、高效和多功能方向发展,金属合金装甲、陶瓷装甲和纤维增强复合材料等应运而生。现代装甲材料除了应具备良好的抗冲击、抗侵彻和抗崩落能力外,其密度、成本和加工方式等也是应充分考虑的重要因素,因此,装甲防护材料应具有优良的防护性能及低成本、低密度的特性,于是复合防护结构成为装甲防护领域研究的热点。

本章主要针对穿甲弹-防护装甲这一矛与盾的问题,对尾翼稳定脱壳穿甲弹侵彻复合装甲(钢板-氧化铝陶瓷-钢板)的过程进行仿真。仿真模型的基本情况如图 11-1(a)(b)所示。

第11章　尾翼稳定脱壳穿甲弹侵彻复合装甲仿真

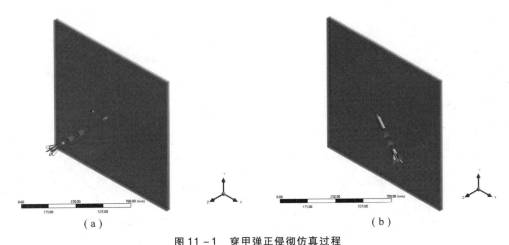

图 11-1　穿甲弹正侵彻仿真过程
（a）穿甲弹正侵彻仿真模型；（b）穿甲弹斜侵彻仿真模型

11.2　穿甲弹正侵彻仿真过程

为尽量真实地模拟尾翼稳定脱壳穿甲弹侵彻复合装甲的过程，本章对穿甲弹结构各主要部件进行建模，包括风帽、穿甲块组、穿甲杆、穿杆螺纹、尾翼等。

第1步：新建分析系统

打开 ANSYS Workbench 程序，在左侧工具箱中选择 Explicit Dynamics 分析模块，单击鼠标左键拖曳至项目简图中。

第2步：定义材料数据

在 Explicit Dynamics 模块上双击 Engineering Data 选项，在工具栏上选择 Engineering Data Sources 后，在数据来源下选择 Explicit Materials ，在显式材料内容中选择穿甲弹主体 TUNG. ALLOY 材料，单击右侧的 + 按钮。同理，选择风帽和尾翼的 Al 6061-T6 材料，复合板的 STEEL 4340 材料和 Al_2O_3-99.5 材料，再次单击 Engineering Data Sources 后退出材料添选。

由于进行侵彻仿真，涉及材料失效模型的选择和参数的设置。本章材料采用 Johnson Cook Failure 模型，强度模型和状态方程保持不变，采用默认设置。首先选择需要编辑的材料卡片，然后单击左侧工具箱 Failure 下拉菜单中的

247

Johnson Cook Failure，在右侧的材料属性中输入 Johnson Cook 失效模型参数。各材料参数见表 11-1。

表 11-1　穿甲弹相关材料 JC 失效模型参数

JC Failure	D1	D2	D3	D4	D5
钨合金	1.2	1.77	-3.4	0	0
铝合金	0.059	0.246	-2.41	-0.015	-0.1
4340 钢	0.05	3.44	-2.12	0.002	0.61

编辑材料卡片结束后，单击上侧工具栏中的 Project 按钮，切换至项目简图中。

第 3 步：建立几何模型

在 Explicit Dynamics 模块上右击 Geometry 选项，在弹出的菜单中选择 New Design Modeler Geometry。在 DM 界面，单击上方菜单栏 Units→Millimeter，将模型单位制改为毫米级。后续所有操作 Operation 均选择 Add Frozen，即有相交的图素不会生成一个图素，建立的几何体均将成为独立的零件。单击上方菜单栏 Create→Primitives→Box，建立厚度为 10 mm 的正面钢板模型，Base Plane 选择 XYPlane，如图 11-2（a）所示。单击上方菜单栏 Generate（DesignModeler 模型操作均须在设置完毕后单击 Generate 生成操作，后续章节不再赘述）。单击 Create→Body Transformation→Translate，Bodies 选择刚建立的正面钢板模型，Direction Definition 选择 Selection，Direction Selection 选择钢板四角处任一短边，方向箭头指向 Z 的负方向，Distance 输入 10 mm，如图 11-2（b）所示，单击 Generate，生成中间氧化铝陶瓷板模型。

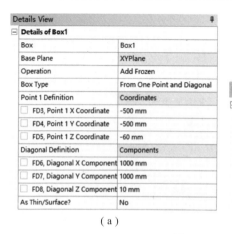

（a）　　　　　　　　　　（b）

图 11-2　建立复合装甲模型

第 11 章　尾翼稳定脱壳穿甲弹侵彻复合装甲仿真

重复 Translate 操作，Bodies 选择刚生成的氧化铝陶瓷板模型，最后生成背面钢板模型。按住 Ctrl 键，单击左侧 Tree Outline 中"Parts,Bodies"下刚建立的三个 Solid，右击，选择 Form new Part，将 Part 名称改为复合装甲板，这样零件几何拓扑相同，网格划分后，也是共节点的。

单击上方菜单栏 Create→Primitives→Cone，建立风帽模型，设置如图 11-3 (a) 所示，修改体名称为风帽。单击 Create→Fixed Radius Blend，选择风帽头部顶端平面轮廓线，倒角半径输入 1 mm。单击 Tools→Merge，Merge Type 选择 Faces，Faces 选择风帽头部顶端平面和倒圆角生成的曲面，其余采用默认设置，将两个面合并成一个曲面。单击 Create→New Plane，在细节对话框中，Type 选择 From Face，Base Face 选择风帽锥体底面，单击 Generate 生成新的基准面。单击 Create→Primitives→Cylinder，Base Plane 选择新建的基准面，其余

Details of Cone1	
Cone	Cone1
Base Plane	XYPlane
Operation	Add Frozen
Origin Definition	Coordinates
☐ FD3, Origin X Coordinate	0 mm
☐ FD4, Origin Y Coordinate	0 mm
☐ FD5, Origin Z Coordinate	0 mm
Axis Definition	Components
☐ FD6, Axis X Component	0 mm
☐ FD7, Axis Y Component	0 mm
☐ FD8, Axis Z Component	-46.2 mm
☐ FD10, Base Radius (>=0)	13.5 mm
☐ FD11, Top Radius (>=0)	1 mm
As Thin/Surface?	No

(a)

Details of Cylinder1	
Cylinder	Cylinder1
Base Plane	XYPlane
Operation	Add Frozen
Origin Definition	Coordinates
☐ FD3, Origin X Coordinate	0 mm
☐ FD4, Origin Y Coordinate	0 mm
☐ FD5, Origin Z Coordinate	0 mm
Axis Definition	Components
☐ FD6, Axis X Component	0 mm
☐ FD7, Axis Y Component	0 mm
☐ FD8, Axis Z Component	138.7 mm
☐ FD10, Radius (>0)	13.5 mm
As Thin/Surface?	No

(b)

Details of Cylinder6	
Cylinder	Cylinder6
Base Plane	Plane5
Operation	Add Frozen
Origin Definition	Coordinates
☐ FD3, Origin X Coordinate	0 mm
☐ FD4, Origin Y Coordinate	0 mm
☐ FD5, Origin Z Coordinate	8 mm
Axis Definition	Components
☐ FD6, Axis X Component	0 mm
☐ FD7, Axis Y Component	0 mm
☐ FD8, Axis Z Component	8 mm
☐ FD10, Radius (>0)	6 mm
As Thin/Surface?	No

(c)

Details of Cylinder7	
Cylinder	Cylinder7
Base Plane	Plane5
Operation	Add Frozen
Origin Definition	Coordinates
☐ FD3, Origin X Coordinate	0 mm
☐ FD4, Origin Y Coordinate	0 mm
☐ FD5, Origin Z Coordinate	16 mm
Axis Definition	Components
☐ FD6, Axis X Component	0 mm
☐ FD7, Axis Y Component	0 mm
☐ FD8, Axis Z Component	11 mm
☐ FD10, Radius (>0)	4 mm
As Thin/Surface?	No

(d)

图 11-3　风帽及穿甲块模型几何参数设置

设置如图 11-3（b）所示，将新生成的体名称改为后穿甲块。同理，建立中穿甲块和前穿甲块模型，Cylinder 设置如图 11-3（c）（d）所示，并将体名称做对应修改，方便后续前处理操作。单击 Create→Boolean，Tool Bodies 选择前、中、后穿甲块，Target Bodies 选择风帽，Operation 选择 Subtract，Preserve Tool Bodies 选择 Yes，用风帽体减去穿甲块得到风帽模型。

单击 Create→Primitives→Cylinder，Base Plane 选择 XYPlane，设置如图 11-4（a）所示，修改生成体名称为弹芯前段，建立弹芯中段和弹芯后段模型，Cylinder 设置如图 11-4（b）（c）所示，并将体名称做对应修改，方便后续前处理操作。

(a)

(b)

(c)

图 11-4 弹芯段几何参数设置

为简化计算，穿杆螺纹采用环状体阵列形式代替。单击 Create→New Plane，在细节对话框中，Type 选择 From Centroid，Base Entities 选择弹芯中段前端圆面轮廓线，单击 Generate 生成新的基准面。单击上部工具栏的 按钮，在新生成的基准面下建立草图，单击左侧菜单栏 Sketching 按钮切换到草图绘制界面，为方便制图，可单击上部工具栏 按钮。在 Sketching Tool Boxes 菜单栏的 Draw 下，选择 Circle，以平面坐标轴原点为圆心画两个圆，选择 Dimensions 下的 Radius，先后单击两个圆的弧线，在细节对话框中输入两个圆的半径，分别为 13.5 mm 和 15.5 mm，单击 Modeling 按钮返回。单击 Create→Extrude，在细节对话框中，Geometry 选择 Sketch 1，Direction 选择 XYPlane，即将 Sketch 沿 XY 平面法向 Z 轴正向拉伸，Extent Type 选择 Fixed，Depth 输入 3 mm，其余采用默认设置，如图 11-5（a）所示。单击 Create→Fixed Radius Blend，选择新生成的环状体外侧两条圆形轮廓线，倒角半径输入 1 mm。单击 Create→Pattern，在细节对话框中，Pattern Type 选择 Linear，Geometry 选择倒圆角的环状体，Direction 选择 XYPlane，即沿 XY 平面法向 Z 轴正向阵列，Offset 输入 6 mm，Copies 输入 38，如图 11-5（b）所示。按住 Ctrl 键，将 Tree Outline 中 Parts，Bodies 下刚建立的环状体 Solid 全选中，右击，选择 Form new Part，将 Part 名称改为穿杆螺纹。

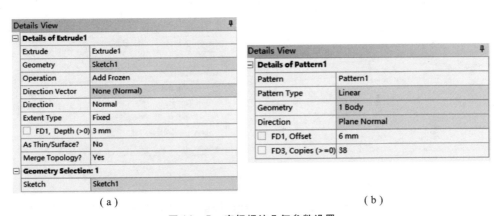

(a) (b)

图 11-5 穿杆螺纹几何参数设置

单击 Create→New Plane，在细节对话框中，Type 选择 From Face，Base Face 选择弹芯后段尾部圆面轮廓线，Transform 1 选择 Offset Z，Value 输入 -65 mm，Transform 2 选择 Rotate about Y，Value 输入 90°，单击 Generate 生成新的基准面。单击上部工具栏中的 按钮，在新生成的基准面下建立草图，单击左侧菜单栏 Sketching 按钮切换到草图绘制界面，为方便制图，可单击上部工具栏中的 按钮。在 Sketching ToolBoxes 菜单栏的 Draw 下，选择 Line、Arc by Center 绘制草图，如图 11-6（a）所示。选择 Dimensions 下的 Radius、

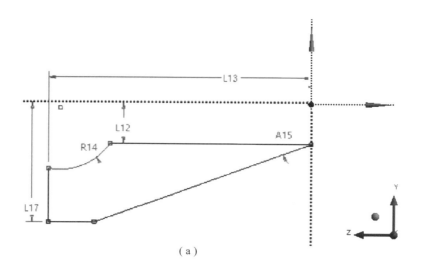

(a)

(b)

(c)

(d)

(e)

图 11-6 尾翼几何参数设置

✏️Length/Distance 标注图形形状及位置，具体尺寸设置如图 11-6（b）所示。单击 Create→Extrude，在细节对话框中，Geometry 选择 Sketch2，Direction 选择 Both-Symmetric，Extent Type 选择 Fixed，Depth 输入 1 mm，其余采用默认设置，如图 11-6（c）所示，将新拉伸出的体名称改为尾翼。单击 Create→Body Transformation→Translate，Bodies 选择刚拉伸出的单片尾翼模型，Direction Definition 选择 Coordinates，具体设置如图 11-6（d）所示。单击 Create→Slice，Slice Type 选择 Slice by Surface，Target Face 选择弹芯后段圆柱外表面，Bodies 选择单片尾翼，单击 Generate 完成对尾翼的切割修饰，使尾翼端面与弹芯后段贴合。同时将切掉的边角体全选，右击，选择 Suppress Body 抑制掉所选中的边角体，使其不参与显示和计算。单击 Create→Pattern，在细节对话框中，Pattern Type 选择 Circular，Geometry 选择单片尾翼，Axis 选择弹芯后段圆柱外表面，即沿弹芯后段的轴环向阵列，Angle 选择 Evenly Spaced，Copies 输入 5，如图 11-6（e）所示。单击 Generate，一共得到 6 片尾翼。将左侧 Tree Outline 中 "Parts，Bodies" 下刚建立的 6 片尾翼全选中，右击，选择 Form new Part，将 Part 名称改为尾翼。

尾翼稳定脱壳穿甲弹侵彻复合装甲几何模型建立完毕，如图 11-7 所示。

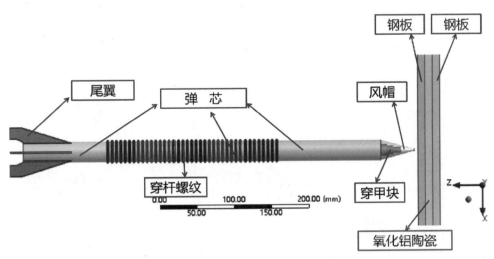

图 11-7 尾翼稳定脱壳穿甲弹正侵彻复合装甲几何模型

第 4 步：材料赋予模型

双击项目简图中 Explicit Dynamics 分析模块内的 Model 选项，在打开的 Mechanical 界面左侧项目树中选择 Geometry 中的复合装甲板 Part 下的钢板，单击细节对话框中的 Assignment 选项后，选择 STEEL 4340 材料卡，氧化铝陶瓷选择 Al_2O_3 – 99.5 材料卡。同理，对弹芯前段、中段、后段，前、中、后穿甲块和穿杆螺纹 Part 选择 TUNG. ALLOY 材料卡，风帽和尾翼 Part 选择 Al 6061 – T6 材料卡。

第 5 步：定义接触类型

在左侧项目树中右击 Connections，选择 Insert→Manual Contact Region，分别给弹芯前段 – 风帽、弹芯前段 – 弹芯中段、弹芯前段 – 后穿甲块、风帽 – 后穿甲块、弹芯中段 – 弹芯后段、后穿甲块 – 中穿甲块、中穿甲块 – 前穿甲块、尾翼 – 弹芯后段、穿杆螺纹 – 弹芯中段之间添加 Bonded 约束，具体设置如图 11 – 8（a）~图 11 – 8（i）所示。

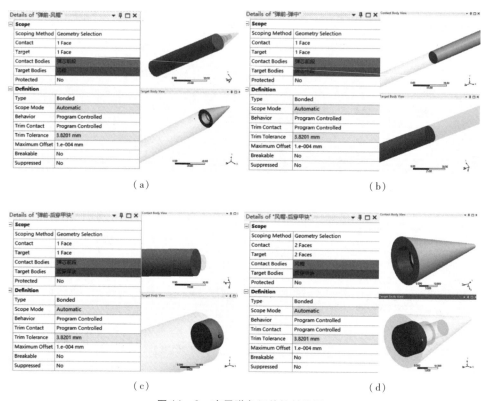

图 11 – 8 穿甲弹各组件接触设置

图 11-8 穿甲弹各组件接触设置（续）

在选择尾翼接触面和螺纹接触面时，因为要选择的面比较多，为便于选择，可使用以下操作：单击上部菜单栏 Selection→Size→Select All Entities With the Same Size，这样可以全选出尺寸一样的线、面、体等元素，如图 11-9 所示。

第 6 步：有限元网格划分

在 Mechanical 界面左侧目录中右击 Mesh，选择 Insert→Method，在左下弹

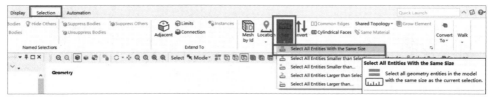

图 11-9　同尺寸选择操作

出的细节设置框内，Method 选择 MultiZone，Geometry 选项选择复合装甲板 3 个 Body，其余采用默认设置。右击 Mesh，选择 Insert→Face Meshing，在左下细节设置框内，Geometry 选项选择复合装甲板的 16 个外表面，其余采用默认设置。右击 Mesh，选择 Insert→Sizing，在左下细节设置框内，Geometry 选项选择复合装甲板前后 16 条长边，Type 选择 Element Size，在 Element Size 中输入 6.0 mm，Bias Type 选择—————，在 Bias Factor 中输入 4.0。右击 Mesh，选择 Insert→Sizing，在左下细节设置框内，Geometry 选项选择复合装甲板 4 个角处的 12 条短边，Type 选择 Number of Divisions，在 Number of Divisions 中输入 2，其余采用默认设置。

同理，在 Mechanical 界面左侧目录中右击 Mesh，选择 Insert→Method，对弹芯网格划分进行设置。在左下弹出的细节设置框内，Geometry 选项选择弹芯前中后段和前中后穿甲块一共 5 个 Body，其余采用默认设置。右击 Mesh，选择 Insert→Face Meshing，在左下细节设置框内，Geometry 选项选择上一步操作选中的 5 个体的所有外表面（为便于选择，可隐藏其他组件），其余采用默认设置。

对于前装甲块，右击 Mesh，选择 Insert→Inflation，采用膨胀层设置，在左下细节设置框内，Geometry 选项选择前装甲块 Body，Boundary 选择前装甲块外侧曲面，Inflation Option 选择 Total Thickness，Number of Layers 输入 4，Growth Rate 输入 1，Maximum Thickness 输入 2.0 mm，其余采用默认设置。

对于中装甲块，右击 Mesh，选择 Insert→Inflation，采用膨胀层设置，在左下细节设置框内，Geometry 选项选择前装甲块 Body，Boundary 选择中装甲块外侧曲面，Inflation Option 选择 Total Thickness，Number of Layers 输入 4，Growth Rate 输入 1，Maximum Thickness 输入 2.5 mm，其余采用默认设置。

对于后装甲块，右击 Mesh，选择 Insert→Inflation，采用膨胀层设置，在左下细节设置框内，Geometry 选项选择前装甲块 Body，Boundary 选择后装甲块外侧曲面，Inflation Option 选择 Total Thickness，Number of Layers 输入 4，Growth Rate 输入 1，Maximum Thickness 输入 3.0 mm，其余采用默认设置。

对于弹芯前、中、后段，右击 Mesh，选择 Insert→Inflation，采用膨胀层设置，在左下细节设置框内，Geometry 选项选择弹芯前、中、后段 3 个 Body，Boundary 选择 3 个弹芯段外侧曲面，Inflation Option 选择 Total Thickness，Number of Layers 输入 3，Growth Rate 输入 1，Maximum Thickness 输入 6.0 mm，其余采用默认设置。

由于风帽、穿杆螺纹和尾翼形状不规则，这里采用默认方法对其进行划分，只定义其单元尺寸。右击 Mesh，选择 Insert→Sizing，在左下细节设置框内，Geometry 选项选择风帽尖端曲面，Type 选择 Element Size，在 Element Size 中输入 0.2 mm。右击 Mesh，选择 Insert→Sizing，在左下细节设置框内，Geometry 选项选择风帽其他所有外表面，Type 选择 Element Size，在 Element Size 中输入 3 mm。右击 Mesh，选择 Insert→Sizing，在左下细节设置框内，Geometry 选项选择穿杆螺纹所有外表面，Type 选择 Element Size，在 Element Size 中输入 2 mm。右击 Mesh，选择 Insert→Sizing，在左下细节设置框内，Geometry 选项选择 6 个尾翼 Body，Type 选择 Element Size，Element Size 中输入 5 mm。

网格划分设置完毕后，右击 Mesh，选择 Generate Mesh 开始网格划分。网格划分完毕后，可单击 Mesh 查看网格质量，如图 11-10 所示，单元质量最小值大于 0.2，网格可用于计算且能保证计算精度，单元总数为 212 311。尾翼稳定脱壳穿甲弹正侵彻复合装甲有限元模型如图 11-11 所示。

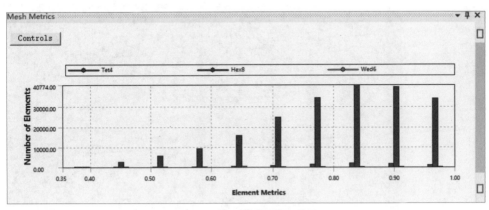

图 11-10　单元质量分布图

第 7 步：显式动力学分析设置

在 Mechanical 界面左侧目录 Explicit Dynamics 下的 Initial Conditions 中插入弹丸的初速设置，右击 Initial Conditions，选择 Insert→Velocity，在左下细节对话框中，Geometry 选项选择穿甲弹所有体零件，Define By 选择 Vector，在 Total

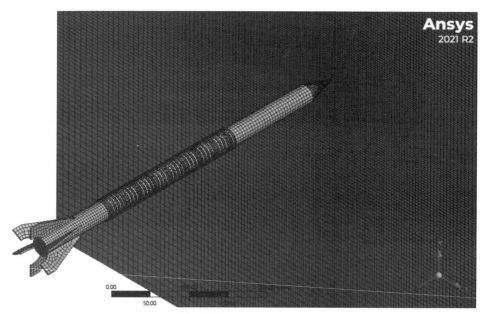

图 11-11　尾翼稳定脱壳穿甲弹正侵彻复合装甲有限元模型

中输入 1.5e6 mm/s，Direction 选择弹芯表面任意一条圆边或者外表柱面即可，方向指向靶板，如图 11-12 所示，单击 Apply 按钮。单击 Analysis Settings 进

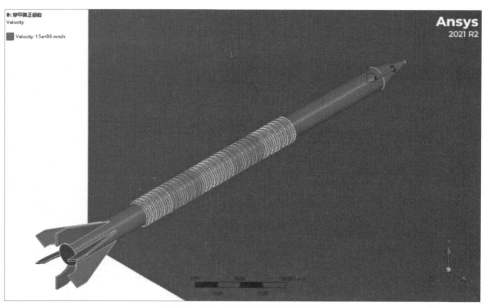

图 11-12　穿甲弹初速示意图

行分析设置,在 End Time 中输入 4e-4 s,为计算顺利进行,将 Minimum Time Step 改为 1e-20 s,在 Erosion Controls 下拉菜单中,打开 On Material Failure 选项,选择 Yes,其余采用默认设置。

右击 Explicit Dynamics,插入 Impedance Boundary,在细节对话框中,Geometry 选项选择复合装甲板四周上下左右 12 个平面,插入无反射边界条件,其余采用默认设置。此设置表示冲击能量可以在靶板四周边缘流动。

第 8 步:求解计算

在 Mechanical 界面左侧目录中右击 Solution,选择 Solve,开始计算。

11.3 穿甲弹正侵彻仿真结果

计算完成后,在 AUTODYN 中查看计算结果,双击工具箱下 Component Systems 中的 AUTODYN 模块,将其添加到项目简图中。双击 AUTODYN 模块的 Setup,进入 AUTODYN,单击 File→Open Results File,选择计算结果文件(可通过 Workbench 主界面 View→File 查看 adres 类型文件存储路径),查看穿甲弹正侵彻复合装甲速度变化过程,如图 11-13 所示。

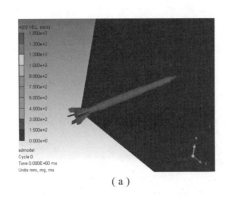
(a)

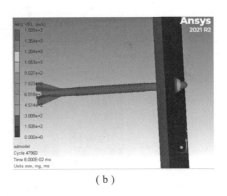
(b)

图 11-13 穿甲弹正侵彻复合装甲过程

(a) $t=0$ μs; (b) $t=80$ μs

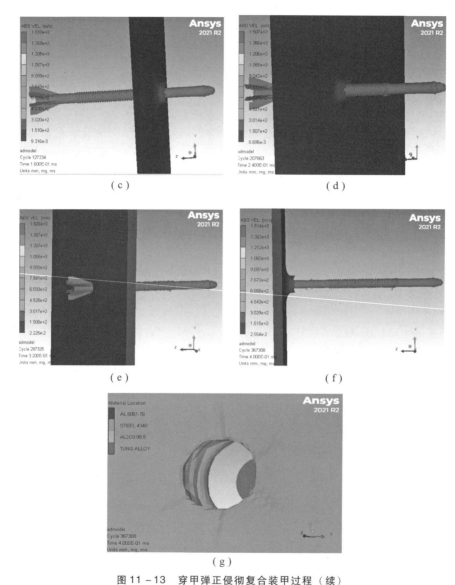

图 11-13 穿甲弹正侵彻复合装甲过程（续）

(c) $t=160~\mu s$；(d) $t=240~\mu s$；(e) $t=320~\mu s$；(f) $t=400~\mu s$；(g) $t=480~\mu s$

从图 11-13 可以看到，穿甲弹在侵彻复合装甲后，风帽、尾翼等均破毁飞散，穿甲块也存有压溃现象，但速度下降不多，仍具有较大的杀伤能力。同时，从图 11-13（g）中可以清楚地看到尾翼在穿过复合装甲靶板后在靶板前面留下的冲压痕迹。

穿甲弹正侵彻复合装甲应力变化结果如图 11-14 所示。

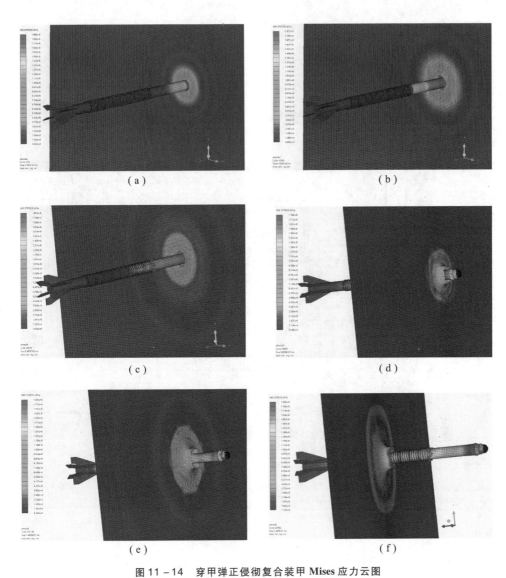

图 11-14　穿甲弹正侵彻复合装甲 Mises 应力云图

(a) $t=32\ \mu s$; (b) $t=48\ \mu s$; (c) $t=64\ \mu s$; (d) $t=96\ \mu s$; (e) $t=144\ \mu s$; (f) $t=240\ \mu s$

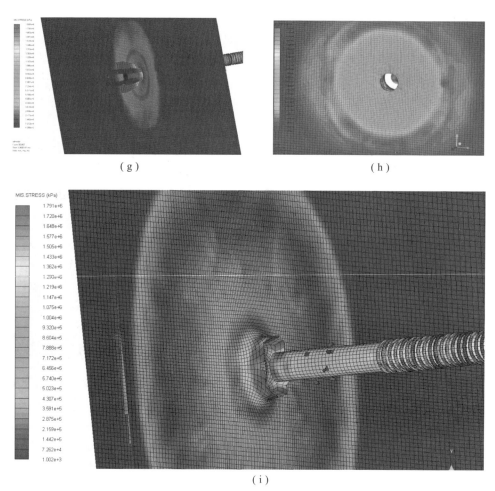

图 11-14 穿甲弹正侵彻复合装甲 Mises 应力云图（续）

(g) $t=336$ μs；(h) $t=400$ μs 正面；(i) $t=400$ μs 背面

11.4 穿甲弹 60°斜侵彻仿真过程

第 1 步：新建分析系统

由于尾翼稳定脱壳穿甲弹斜侵彻复合装甲仿真模型与正侵彻结构模型高度相似，因此，为了简便，将 11.2 节中第 1 步建立的分析系统进行复制，右击 Explicit Dynamics，在弹出的对话框中选择 Duplicate，新复制的分析模块会在项目简图中原模块旁边，字母顺延命名。

第 2 步：定义材料数据

复制的分析模块，材料数据共享，无须重复设置，如果单独建模分析该问题，可以参照 11.2 节中第 2 步进行操作设置。

第 3 步：建立几何模型

复制的分析模块，几何模型数据共享，无须重复建立，但需要旋转穿甲弹，使穿甲弹以一定角度飞向复合装甲板。单击 Create→Body Transformation→Rotate，在左下细节对话框中，Bodies 选择整个穿甲弹，Axis Definition 选择 Selection，Axis Selection 选择 ZXPlane（从 Tree Outline 中选择，即弹丸绕 Y 轴旋转），Angle 输入 $-60°$。整体几何模型如图 11-15 所示。如果单独建模分析该问题，可以参照 11.2 节中第 3 步进行操作设置。

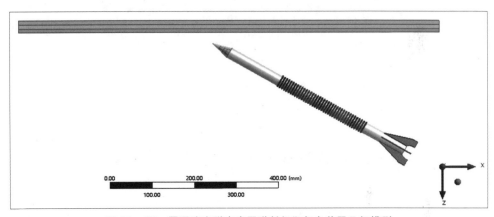

图 11-15　尾翼稳定脱壳穿甲弹斜侵彻复合装甲几何模型

第 4 步：材料赋予模型

由于该组件材料无变化，因此可不用设置。如果单独建模分析该问题，可以参照 11.2 节中第 4 步进行操作设置。

第 5 步：定义接触类型

可以参照 11.2 节中第 5 步进行操作设置。

第 6 步：有限元网格划分

可以参照 11.2 节中第 6 步进行操作设置，划分单元，划分后的尾翼稳定脱壳穿甲弹斜侵彻复合装甲有限元模型如图 11-16 所示。

第 7 步：显式动力学分析设置

由于穿甲弹位置发生改变，因此需要修改穿甲弹速度方向，可以参照 11.2 节中第 7 步进行操作设置，使弹丸初速方向沿弹丸轴线，其余设置参照

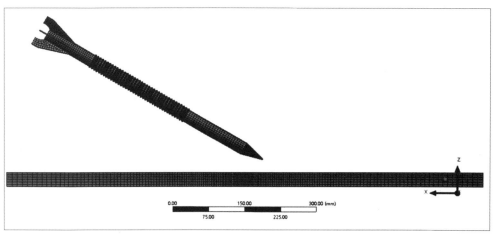

图 11-16 尾翼稳定脱壳穿甲弹斜侵彻复合装甲有限元模型

11.2 节中第 7 步进行操作。

第 8 步：求解计算

在 Mechanical 界面左侧目录中右击 Solution，选择 Solve，开始计算。

11.5　穿甲弹 60°斜侵彻仿真结果

计算完成后，在 AUTODYN 中查看计算结果，双击工具箱下 Component Systems 中的 AUTODYN 模块，将其添加到项目简图中。双击 AUTODYN 模块的 Setup，进入 AUTODYN，单击 File→Open Results File，选择计算结果文件（可通过 Workbench 主界面 View→File 查看 adres 类型文件存储路径），查看穿甲弹正侵彻复合装甲速度变化过程，如图 11-17 所示。

从图 11-17 可以看到，穿甲弹在侵彻复合装甲后，风帽、尾翼等破毁飞散，穿甲块也存在严重压溃现象，但速度下降明显比正侵彻时要多，仍具有较大杀伤能力，同时，从图 11-18 中可以清楚看到穿甲弹斜侵彻在靶板上的开孔情况。

Contour Change Variable 选择查看穿甲弹正侵彻复合装甲 Mises 应力变化结果，如图 11-19 所示。从图中可以清楚看到穿甲弹在穿透不同材质护甲层时应力大小的交替变化。

第 11 章 尾翼稳定脱壳穿甲弹侵彻复合装甲仿真

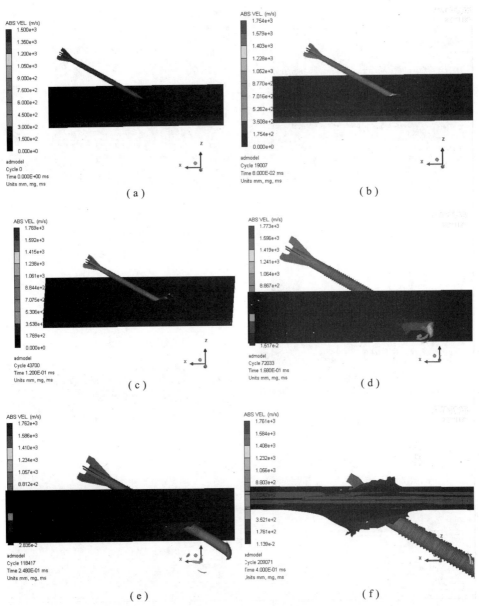

图 11-17 尾翼稳定脱壳穿甲弹斜侵彻复合装甲速率变化

(a) $t=0$ μs；(b) $t=80$ μs；(c) $t=120$ μs；(d) $t=168$ μs；
(e) $t=248$ μs；(f) $t=400$ μs

■ 战斗部爆炸毁伤数值仿真技术

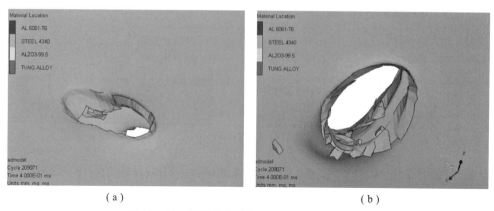

(a)　　　　　　　　　　　(b)

图 11-18　尾翼稳定脱壳穿甲弹斜侵彻开孔情况

(a) $t=400~\mu s$ 正面开孔；(b) $t=400~\mu s$ 背面开孔

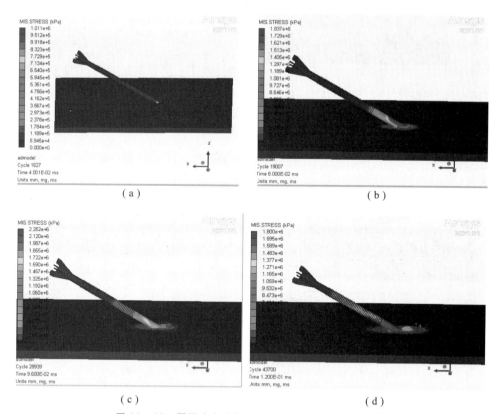

图 11-19　尾翼稳定脱壳穿甲弹斜侵彻 Mises 应力云图

(a) $t=40~\mu s$；(b) $t=80~\mu s$；(c) $t=90~\mu s$；(d) $t=120~\mu s$

第 11 章 尾翼稳定脱壳穿甲弹侵彻复合装甲仿真

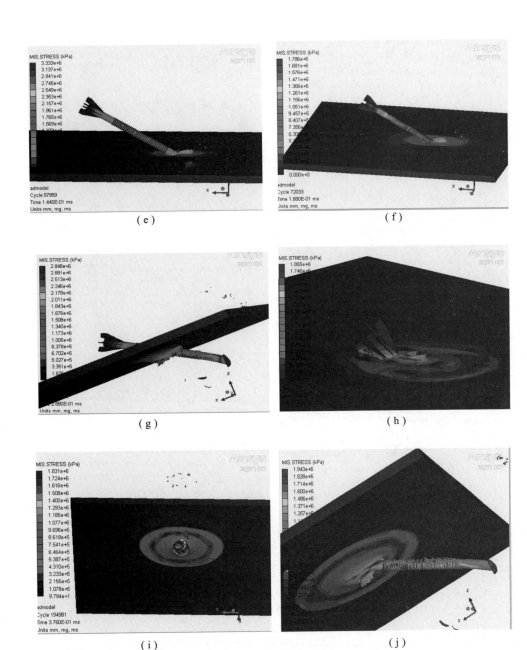

图 11-19 尾翼稳定脱壳穿甲弹斜侵彻 Mises 应力云图（续）

(e) $t=144$ μs；(f) $t=168$ μs；(g) $t=288$ μs；(h) $t=352$ μs；
(i) $t=376$ μs；(j) $t=400$ μs

第12章

双用途榴弹爆炸毁伤效应仿真

12.1 问题描述

杀爆破甲双用途榴弹兼具杀伤爆破作用和射流破甲作用，是典型的多用途弹药。其杀伤战斗部利用炸药的爆炸生成物使弹体破裂，靠破片杀伤有生目标或破坏武器装备。同时，利用炸药的聚能效应使战斗部内的金属药型罩形成高温、高速金属射流，将目标装甲击穿，并利用其后效作用杀伤成员，破坏仪器设备等。杀爆破甲双用途榴弹战斗部一般由引信、壳体、主装药、药型罩等组成。以常见的 M430A1 型 40 mm 杀爆破甲双用途榴弹为例，如图 12-1 所示，其全重约 340 g，全弹长 4.415 in，弹丸壳体材料选用冲压钢材，弹丸为橄榄绿色，弹头为黄色，战斗部装药为 Comp A-5 炸药，约 32 g，弹丸初速可达 241 m/s，引信类型为 PIBD，型号为 M549，药筒是 M169 型，发射药装药为 M2 型，装药量 4.2 g，底火为 FED215 型，其最大射程可达 2 200 m，有效射程为 2 000 m，穿甲深度可达 76.2 mm。

图 12-1 M430A1 型杀爆破甲双用途榴弹

本章主要针对杀爆破甲双用途榴弹战斗部爆炸过程和聚能射流过程进行仿真。双用途榴弹弹丸仿真模型基本情况如图 12 - 2 所示。

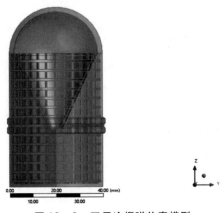

图 12 - 2　双用途榴弹仿真模型

12.2　双用途榴弹弹丸爆炸仿真过程

为提高计算效率，对弹丸模型尺寸进行一定量的简化，具体仿真工程如下。

第 1 步：新建分析系统

打开 ANSYS Workbench 程序，在左侧工具箱中选择 Explicit Dynamics 分析模块，单击鼠标左键拖曳至项目简图中。

第 2 步：定义材料数据

在 Explicit Dynamics 模块上双击 Engineering Data 选项，在工具栏上选择 Engineering Data Sources 后，在数据来源下选择 Explicit Materials，在显式材料内容中选择双用途榴弹壳体 STEEL 4340 材料，单击右侧 按钮。同理，选择弹带的 CU - OFHC - F 材料、药型罩的 CU - OFHC 材料和炸药 COMP A - 3 材料。再次单击 Engineering Data Sources 后退出材料添选。

STEEL 4340 材料 Johnson Cook Failure 模型参数参照第 7、11 章设置，CU - OFHC - F 材料卡为无氧铜的 Johnson Cook Failure 模型，材料卡自身携带失效模型参数，无须设置，CU - OFHC 材料和炸药 COMP A - 3 材料采用默认设置。编辑材料卡片结束后，单击上侧工具栏中的 Project 按钮，切换至项目简图中。

第3步：建立几何模型

在 Explicit Dynamics 模块上右击 Geometry 选项，在弹出的对话框中选择 New Design Modeler Geometry，在 Geometry – DesignModeler 界面，单击上方菜单栏 Units→Millimeter，将模型单位制改为毫米级，后续所有操作 Operation 均选择 Add Frozen，即有相交的图素不会生成一个图素，建立的几何体均将成为独立的零件。单击 ZXPlane，单击上部工具栏中的 按钮，在新生成的基准面下建立草图，单击左侧菜单栏中的 Sketching 按钮切换到草图绘制界面，为方便制图，可单击上部工具栏 按钮。在 Sketching ToolBoxes 菜单栏的 Draw 下，选择 Line、Arc by Center 绘制草图，如图 12 – 3 所示。选择 Dimensions 下的 Length/Distance 标注图形形状及位置，L_1 为 20 mm，L_2 为 78 mm，L_3 为 58 mm。

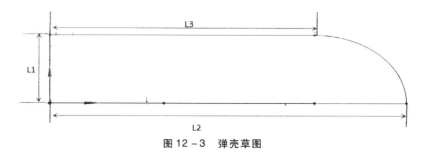

图 12 – 3　弹壳草图

单击上方菜单栏中的 Create→Revolve，旋转草图，建立弹壳体，Geometry 选择上一步操作绘制的草图，Direction 选择 XYPlane，即草图绕 Z 轴旋转，Angle 输入 360°，As Thin/Surface 选择 Yes，Inward Thickness 输入 2 mm，其余保持默认设置，如图 12 – 4 所示。单击上方菜单栏中的 Generate （DesignModeler 模型操作均须在设置完毕后单击 Generate 生成操作，后续章节不再赘述）。将旋转生成的体名称改为弹壳。单击 XYPlane，单击上部工具栏中的 按钮，在新生成的基准面下建立草图，单击左侧菜单栏中的 Sketching 按钮切换到草图绘制界面，为方便制图，可单击上部工具栏中的 按钮。在 Sketching ToolBoxes 菜单栏的 Draw 下，选择 Circle 绘制草图，以坐标轴原点为圆心绘制两个同心圆，选择 Dimensions 下的 Diameter 标注图形形状及位置，D_1 为 40 mm，D_2 为 42 mm。单击上方菜单栏中的 Create→Extrude，拉伸上一步绘制的草图，Direction 选择 XYPlane，即沿平面法向 Z 轴拉伸，Depth 输入 3 mm，其余采用默认设置，如图 12 – 5 所示。单击 Create→Chamfer 设置倒角，Geometry 选择刚拉伸出的圆环体外侧表面的两条圆形轮廓线，Left Length 输入 0.5 mm，Right Length

第 12 章　双用途榴弹爆炸毁伤效应仿真

输入 0.5 mm。单击 Create→Translate，Preserve Bodies，选择 No，Direction Definition 选择 Coordinates，X Offset 为 0 mm，Y Offset 为 0 mm，Z Offset 为 56 mm。单击 Create→Translate，Preserve Bodies 选择 Yes，Direction Definition 选择 Coordinates，X Offset 为 0 mm，Y Offset 为 0 mm，Z Offset 为 4 mm。

Details of Revolve1	
Revolve	Revolve1
Geometry	Sketch2
Axis	2D Edge
Operation	Add Frozen
Direction	Normal
FD1, Angle (>0)	360°
As Thin/Surface?	Yes
FD2, Inward Thickness (>=0)	2 mm
FD3, Outward Thickness (>=0)	0 mm
Merge Topology?	Yes
Geometry Selection: 1	
Sketch	Sketch2

图 12-4　旋转操作设置

Details of Extrude1	
Extrude	Extrude1
Geometry	Sketch3
Operation	Add Frozen
Direction Vector	None (Normal)
Direction	Normal
Extent Type	Fixed
FD1, Depth (>0)	3 mm
As Thin/Surface?	No
Merge Topology?	Yes
Geometry Selection: 1	
Sketch	Sketch3

图 12-5　拉伸操作设置

单击上方菜单栏 Create→Extrude，拉伸使两个环体相连，Geometry 选择两个环体相对的两个平面中的一个，Direction 选择 XYPlane，即沿平面法向 Z 轴拉伸，Extent Type 选择 To Faces，Target Faces 选择相对的两个平面中的另一个，其余采用默认设置。单击 Create→Boolean，Operation 选择 Unite，Tool Bodies 选择除弹壳外的新生成的三个体，这样它们合并后就是弹带模型，将新 Solid 名称改为弹带。

单击 ZXPlane，单击上部工具栏中的 按钮，在新生成的基准面下建立草图，单击左侧菜单栏中的 Sketching 按钮切换到草图绘制界面。在 Sketching ToolBoxes 菜单栏的 Draw 下，选择 Line 绘制草图，如图 12-6 所示。选择 Dimensions 下的 Length/Distance 标注图形形状及位置，L_4 为 3 mm，L_5 为 18 mm，L_6 为 25 mm，L_7 为 33 mm。单击上方菜单栏中的 Create→Revolve 旋转草图，Geometry 选择上一步操作绘制的草图，Direction 选择 XYPlane，即草图绕 Z 轴旋转，Angle 输入 360°，As Thin/Surface 选择 Yes，Inward Thickness 输入 1 mm，其余保持默认设置，单击 Generate 生成药型罩模型，将新生成的 Solid 名称改为药型罩。

下面对药型罩进行修整，单击 Create→Slice，Slice Type 选择 Slice by Surface，Target Face 选择药型罩内部锥面，Slice Targets 选择 Selected Bodies，Bodies 选择药型罩 Body，单击 Generate。切割后药型罩体变成 3 个，如图 12-

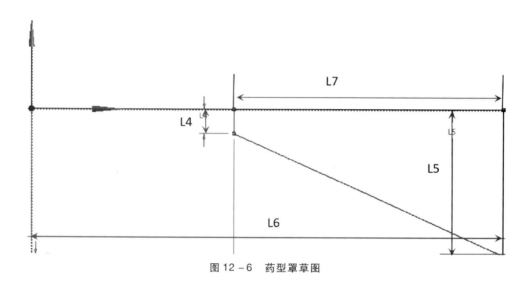

图 12-6 药型罩草图

7 所示。单击 Create→Boolean，Operation 选择 Unite，Tool Bodies 选择除 1、2 两个体，这样它们合并后就是计算用的药型罩模型，将 3 号体抑制掉 Suppress Body。

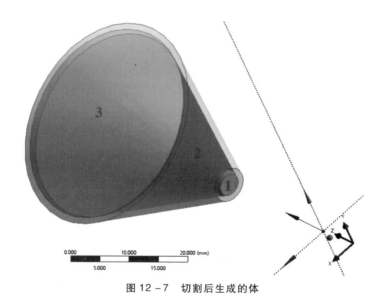

图 12-7 切割后生成的体

由图 12-8 可以看出，M430A1 榴弹的战斗部壳体内表面存在因半预制破片而制作的刻槽纹路，壳体刻槽式杀伤战斗部应用应力集中的原理，在战斗部壳体壁上刻上许多交错的沟槽，将壳体壁分成许多事先设定的小块，当炸药爆炸时，由于刻槽处存在应力集中，因而壳体沿刻槽处破裂，形成有规则的破片，破片的大小、形状和数量由沟槽多少和位置来控制，这种半预制破片又称为预控破片。本章为充分模拟预控破片成型飞散，通过 DM 建模刻画出沟槽。同时，为了简便计算，破片形状选取规则，大小适当，具体过程如下。

图 12-8　M430A1 榴弹的战斗部壳体

单击 ZXPlane，单击上部工具栏中的 按钮，在新生成的基准面下建立草图，单击左侧菜单栏 Sketching 按钮切换到草图绘制界面。在 Sketching ToolBoxes 菜单栏的 Draw 下，选择 Line 绘制草图，如图 12-9（a）所示。选择 Dimensions 下的 Length/Distance 标注图形形状及位置，L_{10} 为 2 mm，L_{11} 为 1 mm，L_{12} 为 1 mm，L_{17} 为 2 mm（由于草图以同一个基准平面建立，因此，在显示时会同时显现，方框内为建立的草图，是圆圈内图形的放大呈现，下同）。

再单击 ZXPlane，单击上部工具栏中的 按钮，在新生成的基准面下建立草图，单击左侧菜单栏中的 Sketching 按钮切换到草图绘制界面。在 Sketching ToolBoxes 菜单栏的 Draw 下，选择 Line 绘制草图，如图 12-9（b）所示，选择 Dimensions 下的 Length/Distance 标注图形形状及位置，L_{13} 为 18 mm，L_{14} 为 1 mm，L_{15} 为 2 mm，L_{16} 为 56.5 mm。

单击上方菜单栏中的 Create→Revolve 旋转草图，Geometry 选择图 12-9（a）绘制的草图，Direction 选择 XYPlane，即草图绕 Z 轴旋转，Angle 输入 360°，As Thin/Surface 选择 No，其余保持默认设置，单击 Generate，将新生成的 Solid 名称改为槽条 1。单击 Create→Pattern，在细节对话框中，Pattern Type 选择 Linear，Geometry 选择槽条 1 体，Direction 选择 XYPlane，即沿 XY 平面法向 Z 轴正向阵列，Offset 输入 4 mm，Copies 输入 14，单击 Generate。单击上方

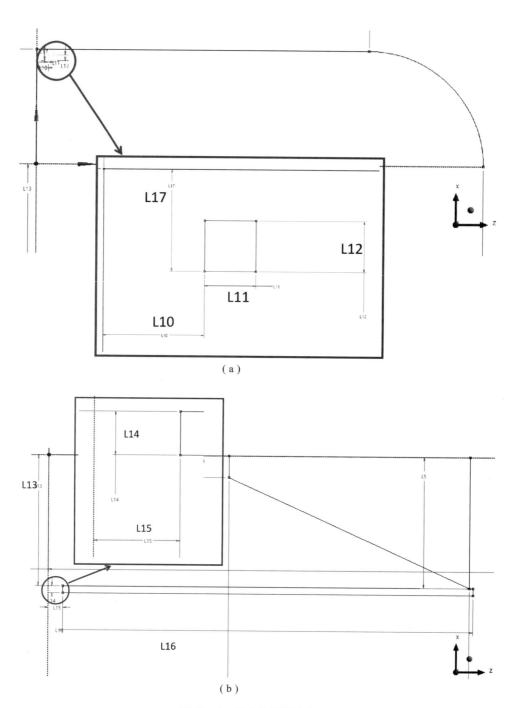

图 12-9 弹壳壁面沟槽草图

菜单栏中的 Create→Revolve 旋转草图，Geometry 选择图 12-9（b）绘制的草图，Direction 选择 XYPlane，即草图绕 Z 轴旋转，Direction 选择 Both-Symmetric，Angle 输入 1°，As Thin/Surface 选择 No，其余保持默认设置，单击 Generate，将新生成的 Solid 名称改为槽条 2。单击 Create→Pattern，在细节对话框中，Pattern Type 选择 Circular，Geometry 选择槽条 2 体，Direction 选择 XYPlane，即沿 XY 平面法向 Z 轴环向阵列，Copies 输入 29，单击 Generate。单击 Create→New Plane，在细节对话框中，Type 选择 From Face，Base Face 选择弹壳内部底面，单击 Generate 生成新的基准面。单击上部工具栏中的 按钮，在新生成的基准面下建立草图，单击左侧菜单栏 Sketching 按钮切换到草图绘制界面，为方便制图，可单击上部工具栏中的 按钮。在 Sketching ToolBoxes 菜单栏的 Draw 下，选择 Circle 绘制草图，如图 12-10（a）所示，选择 Dimensions 下 Diameter 标注图形形状及位置，D_1 为 4 mm，D_2 为 5 mm，D_3 为 10 mm，D_4 为 11 mm，D_5 为 17 mm，D_6 为 18 mm，D_7 为 24 mm，D_8 为 25 mm，D_9 为 30 mm，D_{10} 为 31 mm，D_{11} 为 35 mm，D_{12} 为 36 mm。再次单击上一步操作生成的基准面，单击上部工具栏中的中的 按钮，在新生成的基准面下建立草图，单击左侧菜单栏中的 Sketching 按钮切换到草图绘制界面，在 Sketching ToolBoxes 菜单栏的 Draw 下，选择 Line 绘制草图，如图 12-10（b）所示。选择 Dimensions 下的 Length/Distance 标注图形形状及位置；L_{18} 为 0.25 mm，L_{19} 为 0.5 mm。

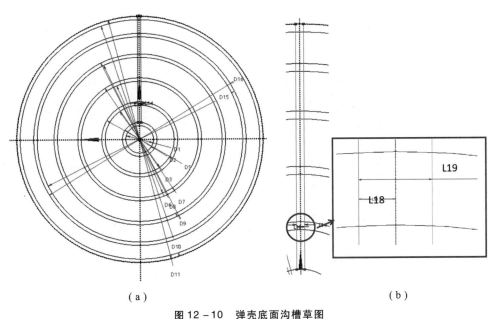

(a)　　　　　　　　　　　(b)

图 12-10　弹壳底面沟槽草图

单击上方菜单栏中的 Create→Extrude 拉伸图 12-10（a）所示草图，Direction 选择 XYPlane，即沿平面法向 Z 轴负方向拉伸，Extent Type 选择 Fixed，Depth 输入 1 mm，单击 Generate 生成槽条 3。单击上方菜单栏中的 Create→Extrude 拉伸图 12-10（b）所示草图，Direction 选择 XYPlane，即沿平面法向 Z 轴负方向拉伸，Extent Type 选择 Fixed，Depth 输入 1 mm，单击 Generate 生成槽条 4。单击 Create→Pattern，在细节对话框中，Pattern Type 选择 Circular，Geometry 选择槽条 4 体，Direction 选择 XYPlane，即沿 XY 平面法向 Z 轴环向阵列，Copies 输入 29，单击 Generate。

为方便后续通过布尔运算利用槽体在弹壳内表面刻槽，需将槽体组成一个 Part，单击左侧 Tree Outline 中的 Parts，Bodies 下全选中建立的槽体 1、2、3、4，右击，选择 Form new Part，将 Part 名称改为槽体。单击 Create→Boolean，Operation 选择 Subtract，Tool Bodies 选择槽体 Part，Target Bodies 选择弹壳，Preserve Tool Bodies 选择 No，即体相减后不保留槽体，因为其不参与后续计算。

单击 Tools→Fill，Extraction Type 选择 By Caps，Target Bodies 选择 Selected Bodies，Bodies 选择弹壳和药型罩，Preserve Capping Bodies 选择 Yes，单击 Generate，这样在弹壳内部和药型罩之间填充生成一个新体，将其命名为炸药。为了直观体现聚能射流过程，本节将弹丸前部引信省略掉。单击 Create→Slice，Slice Type 选择 Slice by Surface，Target Face 选择药型罩喇叭开口端圆环平面，Bodies 选择弹壳、炸药，单击 Generate，然后将弹壳头部、弹壳头部与药型罩之间的炸药全部抑制掉。

为了节省计算资源，同时，由于结构的对称性，本章选取 1/4 结构进行仿真计算，单击 Create→Slice，Slice by Plane，Base Plane 选择 YZPlane，单击 Generate。单击 Create→Slice，Slice by Plane，Base Plane 选择 ZXPlane，单击 Generate。保留 XY 平面第二象限的 1/4 结构，其余部分抑制掉，这样双用途榴弹弹丸 1/4 几何模型如图 12-11 所示。

第 4 步：材料赋予模型

为方便后续利用 AUTODYN 查看结果文件，右击项目简图中 Explicit Dynamics 分析模块上的第一行 Explicit Dynamics→Properties，在右侧对话框中，Licenses 选择 ANSYS AUTODYN PrepPost。

双击项目简图中 Explicit Dynamics 分析模块内的 Model 选项，在打开的 Mechanical 界面左侧项目树中选择 Geometry 中的弹带，在左下细节对话框中的 Assignment 选项上单击后，选择 CU-OFHC-F 材料卡，Reference Frame 选择 Lagrangian，弹壳选择 STEEL 4340 材料卡，Reference Frame 选择 Lagrangian，药型罩选择 CU-OFHC 材料卡，Reference Frame 选择 Eulerian（Virtual），炸药选择

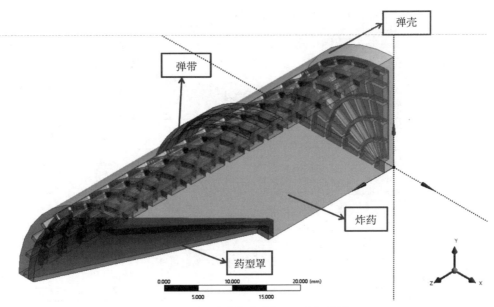

图 12 - 11　双用途榴弹弹丸 1/4 几何模型

COMP A - 3 材料卡，Reference Frame 选择 Eulerian（Virtual）。

第 5 步：定义接触类型

在 Mechanical 界面左侧目录中选择 Connections，将 Connections 下自动添加的约束 Contacts 删掉，然后右击 Connections，选择 Insert→Manual Contact Region。在左下弹出的细节对话框中，Contact 选择弹带内侧曲面，Target 选择弹壳的外表面，Type 采用默认的 Bonded，其他设置默认，这样就建立了弹带和弹壳的接触关系，如图 12 - 12 所示。Body Interactions 采用默认设置。

第 6 步：有限元网格划分

在 Mechanical 界面左侧目录中右击 Mesh，选择 Insert→Method，在左下弹出的细节设置框内，Method 选择 Hex Dominant，Geometry 选项选择弹壳和弹带 2 个 Body，其余采用默认设置。右击 Mesh，选择 Insert→Sizing，在左下细节设置框内，Geometry 选项选择弹壳和弹带的所有外表面（可隐藏其他体，用上面菜单栏中的 Box Select 按钮进行框选），其余采用默认设置。由于药型罩和炸药属于欧拉域，欧拉网格的划分参数在后续分析设置中完成，此处不必划分。网格划分设置完毕，右击 Mesh，选择 Generate Mesh 进行网格划分。

第 7 步：显式动力学分析设置

在 Mechanical 界面左侧目录 Explicit Dynamics 下单击 Analysis Settings 进行分析设置，在 End Time 中输入 1e - 4 s，为了使计算顺利进行，将 Minimum Time Step 改为 1e - 30 s，在 Erosion Controls 下拉菜单中，将 On Material Failure

Details of "Bonded - 弹带 To 弹壳"

Scope	
Scoping Method	Geometry Selection
Contact	1 Face
Target	1 Face
Contact Bodies	弹带
Target Bodies	弹壳
Protected	No
Definition	
Type	Bonded
Scope Mode	Manual
Behavior	Program Controlled
Trim Contact	Program Controlled
Maximum Offset	1.e-004 mm
Breakable	No
Suppressed	No

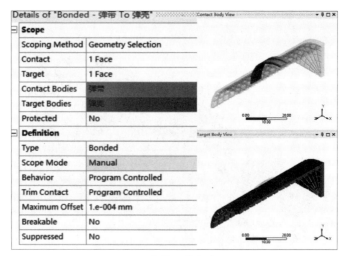

图 12-12　弹带和弹壳的接触关系

选项打开，选择 Yes。由于结构关于 *YZ* 面和 *ZX* 面对称，因此，在对称面处设置为 Rigid 面。同时，为观察金属射流的运动形态，设置一定大小的欧拉域，欧拉域的形状、位置及单胞大小参数设置如图 12-13 所示，效果如图 12-14

Details of "Analysis Settings"

Euler Domain Controls	
Domain Size Definition	Manual
Display Euler Domain	Yes
Minimum X Coordinate	-50. mm
Minimum Y Coordinate	0. mm
Minimum Z Coordinate	-30. mm
X Dimension	50. mm
Y Dimension	50. mm
Z Dimension	250. mm
Domain Resolution Definition	Cell Size
Cell Size	1. mm
Lower X Face	Flow Out
Lower Y Face	Rigid
Lower Z Face	Flow Out
Upper X Face	Rigid
Upper Y Face	Flow Out
Upper Z Face	Flow Out
Euler Tracking	By Body
Damping Controls	
Erosion Controls	

图 12-13　欧拉域参数设置

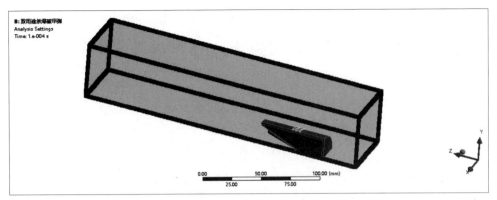

图 12－14　模型效果图

所示。为避免计算过程中出现不切实际过大的速度造成计算时间增大，这里在 Maximum Velocity 处输入 1.66e7 mm/s，为两倍的 COMP A－3 爆速。

在 Mechanical 界面左侧目录右击 Explicit Dynamics，选择 Insert→Detonation Point，在左下细节对话框中，在 Location 中，X Coordinate 输入 0 mm，X Coordinate 输入 0 mm，Z Coordinate 输入 3 mm，如图 12－15 所示，炸药从弹壳底部起爆。

Details of "Detonation Point"

Definition	
Type	Detonation Point
Suppressed	No
Burn Instantaneously	No
Detonation Time	0. s
Location	
X Coordinate	0. mm
Y Coordinate	0. mm
Z Coordinate	3. mm
Location	Click to Change

图 12－15　炸点设置图

第 8 步：求解计算

在 Mechanical 界面左侧目录中右击 Solution，选择 Solve，开始计算。

12.3 双用途榴弹弹丸爆炸仿真结果

为了直观观察聚能射流现象,可在 AUTODYN 中查看计算结果,双击工具箱下 Component Systems 中的 AUTODYN 模块,将其添加到项目简图中,双击 AUTODYN 模块的 Setup,进入 AUTODYN,单击 File→Open Results File,选择计算结果文件(可通过 Workbench 主界面 View→File 查看 adres 类型文件存储路径),双用途榴弹弹丸爆炸破片飞散过程(为便于显示,隐藏了药型罩和炸药)如图 12-16 所示。

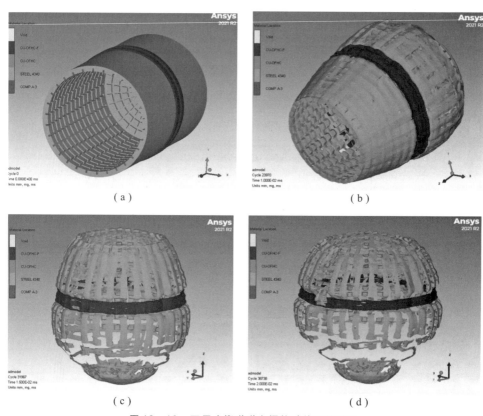

图 12-16 双用途榴弹弹丸爆炸破片飞散过程
(a) $t=0$ μs;(b) $t=10$ μs;(c) $t=15$ μs;(d) $t=20$ μs

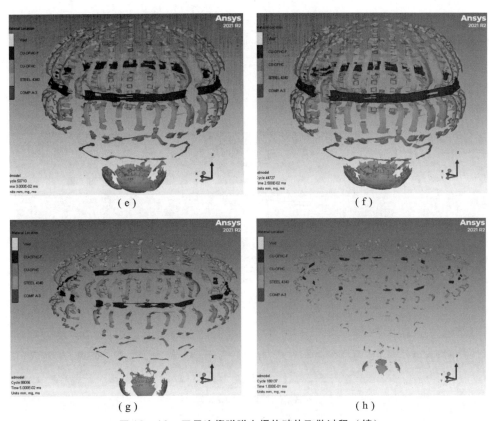

图 12-16 双用途榴弹弹丸爆炸破片飞散过程（续）

（e）$t=25$ μs；（f）$t=30$ μs；（g）$t=50$ μs；（h）$t=100$ μs

图 12-16（a）~（h）显示了爆炸破片飞散过程，与图 12-17 M430A1 榴

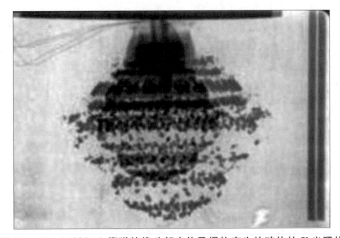

图 12-17 M430A1 榴弹的战斗部壳体及爆炸产生的破片的 X 光照片

弹的战斗部壳体爆炸实验 X 光照片相似,具体形貌区别是由于弹壳内预制破片沟槽形状尺寸不同,造成破片大小、形状和基本分布不同。

图 12-18 展示了聚能射流过程,同样,在显示结果时,勾选 Mirror 下的 in plane ZY 和 in plane ZX,这样可显示这个药型罩模型。

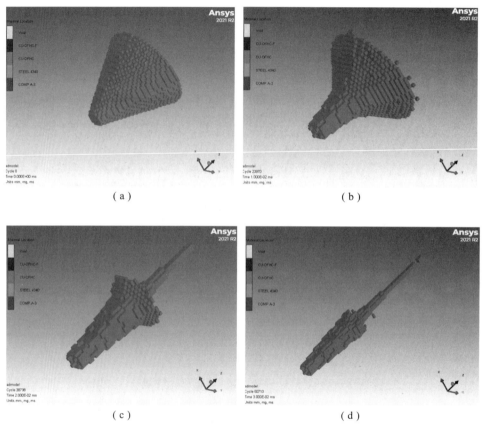

图 12-18 双用途榴弹弹丸爆炸聚能射流过程
(a) $t = 0$ μs; (b) $t = 10$ μs; (c) $t = 20$ μs; (d) $t = 30$ μs

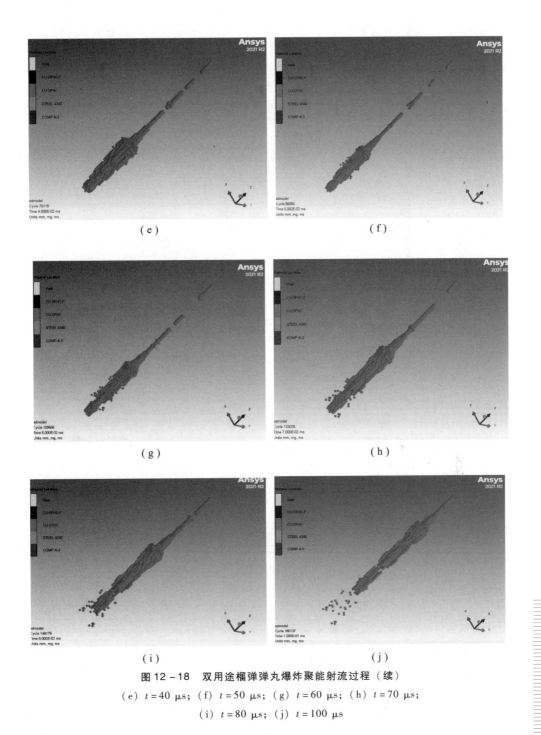

图 12-18　双用途榴弹弹丸爆炸聚能射流过程（续）
(e) $t=40~\mu s$；(f) $t=50~\mu s$；(g) $t=60~\mu s$；(h) $t=70~\mu s$；
(i) $t=80~\mu s$；(j) $t=100~\mu s$

从图 12-18 可清楚地看出，爆炸开始，随着爆轰波、冲击波的传播，药型罩从锥体到压溃到变成金属流体沿着冲击波传播方向射出。可在 AUTODYN 主界面上部菜单栏单击 按钮制作金属射流和破片爆炸动画，格式可选 GIF、AVI 和 MPEG。

参考文献

［1］ Sebastian Karwaczynski. Tom Cat Designs LLC Protective Hull Modeling［R］. RDECOM，2011.

［2］ Barrie E Homan，Matthew M Biss，Kevin L McNesby. Modeling of Near‑Field Blast Performance［R］. Army Research Laboratory，ARL‑TR‑6711，2013.

［3］ 门建兵，蒋建伟，王树有. 爆炸冲击数值模拟技术基础［M］. 北京：北京理工大学出版社，2015.

［4］ 张文生. 微分方程数值解：有限差分理论方法与数值计算［M］. 北京：科学出版社，2018.

［5］ 王勖成，邵敏. 有限单元法基本原理［M］. 北京：清华大学出版社，1997.

［6］ 石钟慈，王鸣. 有限元方法［M］. 北京：科学出版社，2017.

［7］ 李人宪. 有限体积法基础［M］. 北京：国防工业出版社，2008.

［8］ 强洪夫. 光滑粒子流体动力学新方法及应用［M］. 北京：科学出版社，2018.

［9］ 初文华，明付仁，张健. 三维SPH算法在冲击动力学中的应用［M］. 北京：科学出版社，2018.

［10］ 尹建平，王志军. 弹药学［M］. 北京：北京理工大学出版社，2014.

［11］王儒策，赵国志，杨绍卿. 弹药工程［M］. 北京：北京理工大学出版社，2002.

［12］张建春，张华鹏. 军用头盔［M］. 北京：长城出版社，2003.

［13］白春华，梁慧敏，李建平，等. 云雾爆轰［M］. 北京：科学出版社，2012.

索 引

0~9（数字）

0 索引 48、48（图）

4340 钢材料的 Johnson Cook 失效模型参数（图） 221

7.62 mm 枪弹弹丸跳飞 238~243

    Mises 应力云图（图） 242、243

    仿真过程 238

    仿真结果 241

    几何模型（图） 240

    位移云图（图） 241、242

    有限元模型（图） 240

7.62 mm 枪弹弹丸正侵彻 233、236~238

    Mises 应力云图（图） 237、238

    仿真过程 219

    仿真结果 236

    几何模型（图） 227

    位移云图（图） 236、237

    有限元模型（图） 233

7.62 mm 枪弹侵彻薄板仿真 217~219、236、238、241

    弹丸跳飞仿真过程 238

    弹丸跳飞仿真结果 241

    弹丸正侵彻仿真过程 219

    弹丸正侵彻仿真结果 236

    问题描述 218

A~Z（英文）

ANSYS Workbench 软件 17~39、101

边界条件 32

部件 34

材料 29

初始条件 31

导航栏 23

对话窗口 24

对话面板 24

工具栏 21

接触 37

控制 38

连接 36

零件 33

输出 39

显示 25

应用基础 101

运行 40

炸点 37

组 35

ANSYS 显式动力学模块 123

    ANSYS AUTODYN 123

    ANSYS Explicit Dynamics 123

    ANSYS LS - DYNA 123

Apply Boundary to Part 对话框（图） 142

arc3 命令 56、57

    生成的圆弧（图） 57

    主要参数（表） 57

AUTODYN 软件 12~14、19、20

    部分材料模型（图） 14

    界面（图） 13

特色功能　13
应用基础　19
主窗口（图）　20
block 命令　66、67、75、76、78、80~82、84
　　参数（图）　66
　　生成的初始网格（图）　75、76、78、80~82
　　生成的网格模型（图）　84
　　生成的网格在不同窗口的显示（图）　67
cone 命令　64
　　生成的圆锥面（图）　64
Control Phase　43
　　文本菜单窗口（图）　43
crx 命令　65
cry 命令　65
crz 命令　65
cr 命令　64、65
　　旋转二维曲线生成的表面（图）　65
curd 命令　56、84
　　建立的辅助线（图）　84
cure 命令　85、86
　　网格线映射（图）　86
curf 命令　85
curs 命令　86
cur 命令　83、85
　　网格线映射（图）　85
cur 命令和 curs 命令映射的网格模型（图）　87
cylinder 命令　67、68
　　参数（图）　68
　　生成的网格在不同窗口的显示（图）　68
cy 命令　63
　　生成的无限圆柱面（图）　63
dei 命令　70
　　网格删除操作前后对比（图）　70

Design Modeler　104~109
　　不同体类型　109
　　菜单栏　105
　　工具栏　105、106（图）、107（图）
　　几何建模简介　104
　　界面　105
　　用户界面（图）　105
de 或 dei 命令产生的网格生成效果（图）　99
de 命令　69
　　网格删除操作前后对比　69
Edge Sizing 设置（图）　231
endpart 命令　90
Explicit Dynamics　127、129、130（图）、132
　　分析设置　129、130（图）
　　后处理　132
　　接触设置　127、127（图）
Explicit Materials 材料库（图）　126
Fill Part 对话框（图）　142
gct 命令　92
grep 命令　92
Inflation 设置面板（图）　119
insprt 命令　70~72
　　参数值及意义（表）　71
　　效果（图）　72
iplan 命令　59
　　生成的无限平面（图）　59
join 命令连接效果（图）　96
lcc 命令　53
　　生成的图形（图）　53
lct 和 lrep 命令生成的复制网格（图）　91
lct 命令　90
ld 命令　52
lep 命令　55
　　生成的图形（图）　55
lod 命令　55
lp2 命令　54
lp3 命令　56
　　生成的三维线段（图）　56

索 引

lq 命令　55
lrep 命令　91
lrot 命令　53、54
　　生成的图形（图）　54
lsca 命令　54
lscx 命令　54
lscz 命令　54
M430A1 榴弹战斗部壳体（图）　275、283
　　爆炸产生的破片的 X 光照片（图）　283
M430A1 型杀爆破甲双用途榴弹（图）　270
ma 命令　80、81
　　效果（图）　81
mbi 命令　76、77
　　对网格产生的修改效果（图）　77
mb 命令　74、75
　　产生的效果（图）　75
　　关键参数（表）　74
Merge Phase　44、45
　　菜单窗口（图）　45
merge 命令　98
mseq 命令　73、74
　　产生的效果（图）　74
ms 命令　89
mt 或 mti 命令产生的网格生成效果（图）　99
Part Phase　44
　　菜单窗口（图）　44
patch 命令　89
pa 命令　82、83
　　关键参数（表）　82
　　效果（图）　83
pb 命令　72、73、76~78
　　产生的效果（图）　78
　　关键参数（表）　77
　　效果（图）　72、73
pl3 命令　59、60
　　生成的无限平面（图）　60
　　主要参数（表）　60

plan 命令　58
　　生成的无限平面（图）　59
Quality 设置面板（图）　118
r3dc 命令　65
savepart 命令　90
sd 命令　57
　　参数、意义及参数要求（表）　57
sfi 命令　88
sf 命令　87
Sizing 设置面板（图）　116
SPH 方法　3
sp 命令　63、64
　　生成的球面（图）　64
stp 命令　98
trbb 命令　93、95
　　效果（图）　95
tri 命令　79
True Grid 软件　17、41~46、52
　　基本概念　46
　　基本应用　42
　　建模常用命令　52
　　启动　42
　　启动过程　42、43（图）
　　三个阶段　43
　　生成网格基本步骤　45
　　应用基础　41
True Grid 软件基本操作　49~51
　　保存文件　49
　　复制、粘贴命令　51
　　快捷键　51
　　命令提示　51
　　其他　52
　　文件保存　49
　　文件内容　49
　　文件输出　50
True Grid 软件三个阶段　43、44
　　Control Phase　43
　　Merge Phase　44

291

Part Phase　44

tr 命令　78、80

　　效果（图）　80

Workbench 平台信息简介　102

　　主界面（图）　102

Worksheet 工作表内容（图）　133

xyplan 命令　60、61

　　生成的无限平面（图）　61

yzplan 命令　60、61

　　生成的无限平面（图）　61

zxplan 命令　62

　　生成的无限平面（图）　62

A ~ B

按命令生成网格（图）　48

靶板固定在试验与仿真中的对比（图）　32

爆炸毁伤数值仿真基础　2

北京奥运场馆鸟巢实物和有限元模型对比（图）　4

被甲模型设置（图）　224

被甲与铅套接触设置（图）　229

边界条件　32、33、139、155、159、160、170、171、189、208

　　定义对话框（图）　33、139、155、170、171、189、208

　　设置对话框（图）　33、159、160

边墙破坏实际和仿真效果对比（图）　16

不同变换顺序对最终结果的影响（图）　63

布尔相减运算生成铅套模型（图）　225

部件　34

　　面板（图）　34

C

材料　29、30、125、158

　　定义面板（图）　30

　　类型和适用状态（表）　125

　　填充对话框（图）　158

材料模型　138、154、169、170、188、193、207

　　对话框（图）　170、188

　　模型库对话框（图）　138、154、169、188、207

　　替代对话框（图）　193

参考文献　287

草图工具栏（图）　108

测试点　143

　　分布位置（图）　143

　　设置（图）　143

插入接触设置（图）　228

插入网格划分方法（图）　231

城市中心爆炸效应分析过程（图）　15

初始条件　31、208

　　定义对话框　208

　　设置面板（图）　31

初始网格模型及计算模型（图）　87

穿杆螺纹几何参数设置（图）　251

穿甲弹　247、248、254、255、258

　　初速示意（图）　258

　　各组件接触设置（图）　254、255

　　相关材料 JC 失效模型参数（表）　248

　　斜侵彻仿真模型（图）　247

穿甲弹 60°斜侵彻　262、264

　　仿真过程　262

　　仿真结果　264

穿甲弹正侵彻　247、259~262

　　仿真过程　247

　　仿真结果　259

　　仿真模型（图）　247

　　正侵彻复合装甲 Mises 应力云图（图）　261、262

　　正侵彻复合装甲过程（图）　259、260

创建 Explicit Dynamics 项目（图）　129

创建表面体方法　111

D

单元质量分布（图）　233、257

弹带和弹壳接触关系（图） 280
弹壳 272、276、277
　　　壁面沟槽草图（图） 276
　　　草图（图） 272
　　　底面沟槽草图（图） 277
弹丸初速设置（图） 234
弹芯段几何参数设置（图） 250
弹芯模型设置（图） 225
弹芯与被甲接触设置（图） 229
弹药毁伤效应数值仿真技术概论 1
导航栏 23
　　　按钮（图） 23
点的选择（图） 47
冻结体 112
对称方式设置对话框（图） 138、153、
　　169、187、207
对话窗口 24
对话框填写内容前后对比（图） 25
对话面板 24、24（图）
对平面三角形网格生成方法 11
钝头弹飞行（图） 205、214、215
　　　产生的激波现象（图） 214、215
钝头弹在空气中的飞行仿真 203～205、
　　214
　　　仿真过程 205
　　　仿真结果 214
　　　问题描述 204
多零件填充对话框（图） 196
多区域划分方法 115

E～F

二维曲线命令 52
仿真过程 137、149、167、185、205、219、
　　238、247、262、271
仿真结果 144、163、179、200、214、236、
　　241、259、264、282
仿真模型基本情况（图） 137、148、167、
　　185、205

非结构化网格 8（图）、10、11
　　　生成技术 11
分析设置（图） 234
风帽及穿甲块模型几何参数设置（图）
　　249
复制分析模块（图） 239
负索引 49、49（图）

G

概念建模 111
钢板模型尺寸设置（图） 223
高级几何工具简介 112
高级选项设置面板（图） 121
高能炸药爆炸试验与数值仿真结果 5
高速穿甲弹侵彻陶瓷装甲目标（图） 31
各类材料类型和适用状态（表） 125
工具栏 21
　　　按钮 21
　　　用途 21
工具箱内分析系统（图） 103
工作名称和单位制设置对话框（图）
　　138、153、168、187、206
工作目录设置对话框（图） 137、152、
　　168、186、206

H～J

合并网格阶段 44
后处理结果集（图） 133
激活体 112
计算窗口（图） 46
计算网格 46
加载边界条件 174、175（图）、178、211
　　　对话框（图） 174、178、211
简单索引 48
建立 Explicit Dynamics 模块（图） 219
建立复合装甲模型（图） 248
交互作用设置对话框（图） 162、199
接触 37

设置面板（图） 37
结构化网格 8（图）、9、10、27
  缺点 9
  生成法结构（图） 10
  生成技术 10
  视图显示范围设定窗口（图） 27
  优点 9
介质压力随时间变化规律（图） 146
金属射流贯穿靶板的过程压力变化情况
  （图） 179、181
进阶索引 48、48（图）
进入 Design Modeler 建模器（图） 223
军用车辆底部防地雷模块数值仿真分析
  （图） 5

K

壳体的破裂过程和预制破片飞散（图）
  200
空客 A350 后机身第 19 框的设计与有限元分
  析过程（图） 4
空气和炸药材料空间位置随时间变化规律
  （图） 145
控制 38
  面板（图） 38
控制体积法 3

L

拉伸操作设置（图） 273
离散法类型 8
连接 36、161
  面板（图） 36
  设置对话框（图） 161
两种网格类型示例（图） 8
零件 33、194、226
  面板（图） 33
  删除对话框（图） 194
  组合操作（图） 226
榴弹 148~152、163

弹丸壳体 TG 模型 149、151（图）
静爆仿真的数值仿真过程 152
壳体破碎过程（图） 163
榴弹内装炸药的 TG 模型 151、152
  （图）
榴弹爆炸仿真 147~149、163
  仿真过程 149
  仿真结果 163
  问题描述 148
六面体网格生成技术 12
六面体主导网格划分法 115

M

面的选择（图） 47
面网格划分方法 116
面隐藏操作技巧（图） 230
命令流最终生成的网格模型（图） 93
模型材料替代对话框（图） 158
模型构建对话框（图） 139、155、171、
  175、189、191、197、209、211
模型建立 149、185
模型填充对话框（图） 141、157、161、
  173、177、191、193、198、210、213
模型效果（图） 281
模型形状和尺寸设置对话框（图） 140、
  156、172、176、190、192、197、209、
  212
某型弹药中的预制破片（图） 184
某型破甲弹侵彻装甲破坏情况（图） 167

N~P

鸟巢实物和有限元模型对比（图） 4
鸟对飞行器撞击后的破坏（图） 16
欧拉域参数设置（图） 280
膨胀层设置（图） 121、232
  高级选项设置（图） 121
平面草图 107
平面四边形网格生成方法 11

破甲弹　166、179、180
　　形成金属射流的过程材料变化情况（图）　179、180
破甲弹侵彻靶板仿真　165～167
　　仿真过程　167
　　仿真结果　179
　　问题描述　166
铺砖法　11

Q

起爆点设置　144（图）、162、178、199
　　对话框（图）　162、178、199
铅材料 Johnson Cook 失效模型参数（图）　222
铅套模型材料赋予操作示（图）　227
铅套与弹芯接触设置（图）　228
枪弹弹丸跳飞　219、238、241
　　大角度跳飞仿真模型（图）　219
　　仿真过程　238
　　仿真结果　241
枪弹弹丸正侵彻　219、236
　　仿真过程　219
　　仿真结果　236
　　仿真模型（图）　219
切割后生成的体（图）　274
切割体模型操作（图）　226
曲面命令　57
曲面三角形网格生成方法　11

R～S

软件介绍　12
三维曲线命令　56
扫掠网格划分方法　115
删除零件对话框（图）　159
设定视图范围对话框（图）　28
输出　39
　　面板（图）　39
输出指定格式的文件（图）　51

数值仿真　2、3、152、186
　　分析　3
　　技术概况　2
　　实例　3
数值仿真方法　2～4
　　SPH 方法　3
　　有限差分方法　2
　　有限体积法　3
　　有限元方法　3
　　在工程实例中的应用　4
数值模拟基本过程　5
数字输入提示（图）　51
双用途榴弹爆炸毁伤效应仿真　269～271、282～285
　　弹丸 1/4 几何模型（图）　279
　　弹丸爆炸聚能射流过程（图）　284、285
　　弹丸爆炸破片飞散过程（图）　282、283
　　仿真模型（图）　271
　　双用途榴弹弹丸爆炸仿真过程　271
　　双用途榴弹弹丸爆炸仿真结果　282
　　问题描述　270
索引　48

T

特征体建模　109
同尺寸选择操作（图）　256
铜材料的 Johnson Cook 失效模型参数（图）　220
头盔碰撞杆作用过程（图）　16

W

网格划分　114、140、156、172、176、190、192、197、209、213、232
　　对话框（图）　140、156、172、176、190、192、197、209、213
　　划分方法　114

详情（图）　232
网格命令　66
网格模型导入对话框（图）　158、161、196
网格设置　116
网格生成技术　8、12
　　　在具体实例中的应用（图）　12
网格输出　98
网格统计面板（图）　122
网格文件导入菜单（图）　100
尾翼稳定脱壳穿甲弹侵彻复合装甲仿真　245～267
　　　穿甲弹60°斜侵彻仿真过程　262
　　　穿甲弹60°斜侵彻仿真结果　264
　　　穿甲弹正侵彻仿真过程　247
　　　穿甲弹正侵彻仿真结果　259
　　　尾翼几何参数设置（图）　252
　　　问题描述　246
　　　斜侵彻Mises应力云（图）　266、267
　　　斜侵彻复合装甲几何模型（图）　263
　　　斜侵彻复合装甲速率变化（图）　265
　　　斜侵彻复合装甲有限元模型（图）　264
　　　斜侵彻开孔情况（图）　266
　　　正侵彻复合装甲几何模型（图）　253
　　　正侵彻复合装甲有限元模型（图）　258
文件输出（图）　50
　　　格式选择（图）　50
问题描述　136、148、166、184、204、218、246、270
钨合金材料的JohnsonCook失效模型参数（图）　221
无反射边界条件设置（图）　235
物理网格　46

X

显式动力学分析　122、124、127～129、133
　　　ANSYS显式动力学模块　123

Body interaction接触类型　128
Explicit Dynamics分析设置　129
Explicit Dynamics后处理　132
Explicit Dynamics接触设置　127
接触方式　127
显式动力学材料　124
显示　25、26、29
　　　设置面板（图）　26
　　　显示类型设置面板（图）　29
线的选择（图）　47
线体建模方式　111
新的设置对话框（图）　24
修改材料模型（图）　154
旋转操作设置（图）　239、273
选择云图变量窗口（图）　27

Y

药型罩草（图）　274
有限差分方法　2
有限容积法　3
有限体积法　3
有限元方法　3
有限元方法分析问题基本步骤　6、7
　　　边界条件处理　7
　　　单元分析　7
　　　单元基函数确定　7
　　　建立积分方程　6
　　　解有限元方程　7
　　　区域单元剖分　6
　　　总体合成　7
有限元分析工作流程（图）　6
有限元模型求解（图）　235
预制破片弹药爆炸仿真　183～186、200、201
　　　爆炸过程中壳体和预制破片上的压力变化情况（图）　201
　　　仿真过程　185
　　　仿真结果　200
　　　网格模型（图）　186

问题描述　184
运行按钮　40
运用四面体划分方法　115

Z

在 I 平面上应用边界条件（图）　194
在 J 平面上应用边界条件（图）　195
在 K 平面上应用边界条件（图）　195
在两个方向上改变网格密度（图）　96
在网格上填充材料对话框（图）　174
炸点　37、281
　　设置（图）　281
　　设置面板（图）　37
炸药爆炸试验及数值仿真结果（图）　5
炸药在刚性地面上爆炸仿真　135～137、144
　　仿真过程　137
　　仿真结果　144
　　问题描述　136
　　炸药在地面爆炸的现象（图）　136
主边和次边对应关系（图）　94
子弹对靶板侵彻过程（图）　15
字符输入提示（图）　51
自定义结果（图）　134
自动网格划分　115
组　35
　　面板（图）　35
阻力对弹丸影响（图）　204
钻地弹侵彻钢筋混凝土（图）　30
最终生成的网格（图）　96、97

（王彦祥、毋栋　编制）